SOLIDWORKS® 公司官方指定培训教程
CSWP　　　全球专业认证考试培训教程

U0379928

官方指定

TRAINING

SOLIDWORKS®

电气高级教程

（2019版）

[美] DS SOLIDWORKS®公司　著

陈超祥　胡其登　主编

杭州新迪数字工程系统有限公司　编译

机械工业出版社
CHINA MACHINE PRESS

《SOLIDWORKS®电气高级教程（2019版）》是根据 DS SOLIDWORKS® 公司发布的《SOLIDWORKS® 2019：SOLIDWORKS Electrical Advance》和 《SOLIDWORKS® 2019：SOLIDWORKS Electrical：3D》编译而成的，主要 介绍了使用 SOLIDWORKS Electrical 进行电气布线、电气设计、3D 布线的 高级内容。本教程对高级指令和选项的使用进行了详细的介绍，着重讲解 了 SOLIDWORKS Electrical 的使用技巧、工具和核心概念。本教程提供练 习文件下载，详见"本书使用说明"。本教程提供高清语音教学视频，扫 描书中二维码即可免费观看。

本书可供从事机械设计、机械制造的工程技术人员使用，也可供大中 专工科院校的师生参考。

图书在版编目（CIP）数据

SOLIDWORKS®电气高级教程：2019 版/美国 DS SOLIDWORKS®公司著； 陈超祥，胡其登主编，—4 版．—北京：机械工业出版社，2019.7（2024.1 重印） ISBN 978-7-111-63078-4

Ⅰ.①S… Ⅱ.①美…②陈…③胡… Ⅲ.①电气设备-计算机辅 助设计-应用软件-教材 Ⅳ.①TM02-39

中国版本图书馆 CIP 数据核字（2019）第 130818 号

机械工业出版社（北京市百万庄大街 22 号 邮政编码 100037） 策划编辑：张雁茹 责任编辑：张雁茹 封面设计：陈 沛 责任校对：李锦莉 刘丽华 责任印制：常天培 北京机工印刷厂有限公司印刷 2024 年 1 月第 4 版·第 3 次印刷 184mm×260mm·11 印张·298 千字 标准书号：ISBN 978-7-111-63078-4 定价：49.80 元

电话服务 网络服务
客服电话：010-88361066 机 工 官 网：www.cmpbook.com
　　　　　010-88379833 机 工 官 博：weibo.com/cmp1952
　　　　　010-68326294 金 书 网：www.golden-book.com
封底无防伪标均为盗版 机工教育服务网：www.cmpedu.com

序

尊敬的中国 SOLIDWORKS 用户：

DS SOLIDWORKS® 公司很高兴为您提供这套最新的 SOLIDWORKS 中文官方指定培训教程。我们对中国市场有着长期的承诺，自从 1996 年以来，我们就一直保持与北美地区同步发布 SOLIDWORKS 3D 设计软件的每一个中文版本。

我们感觉到 DS SOLIDWORKS® 公司与中国用户之间有着一种特殊的关系，因此也有着一份特殊的责任。这种关系是基于我们共同的价值观——创造性、创新性、卓越的技术，以及世界级的竞争能力。这些价值观一部分是由公司的共同创始人之一李向荣（Tommy Li）所建立的。李向荣是一位华裔工程师，他在定义并实施我们公司的关键性突破技术以及在指导我们的组织开发方面起到了很大的作用。

作为一家软件公司，DS SOLIDWORKS® 致力于带给用户世界一流水平的 3D 解决方案（包括设计、分析、产品数据管理、文档出版与发布），以帮助设计师和工程师开发出更好的产品。我们很荣幸地看到中国用户的数量在不断增长，大量杰出的工程师每天使用我们的软件来开发高质量、有竞争力的产品。

目前，中国正在经历一个迅猛发展的时期，从制造服务型经济转向创新驱动型经济。为了继续取得成功，中国需要相配套的软件工具。

SOLIDWORKS® 2019 是我们最新版本的软件，它在产品设计过程自动化及改进产品质量方面又提高了一步。该版本提供了许多新的功能和更多提高生产率的工具，可帮助机械设计师和工程师开发出更好的产品。

现在，我们提供了这套中文官方指定培训教程，体现出我们对中国用户长期持续的承诺。这套教程可以有效地帮助您把 SOLIDWORKS® 2019 软件在驱动设计创新和工程技术应用方面的强大威力全部释放出来。

我们为 SOLIDWORKS 能够帮助提升中国的产品设计和开发水平而感到自豪。现在您拥有了最好的软件工具以及配套教程，我们期待看到您用这些工具开发出创新的产品。

Gian Paolo Bassi
DS SOLIDWORKS® 公司首席执行官
2019 年 3 月

陈超祥　先生　现任 DS SOLIDWORKS® 公司亚太区资深技术总监

陈超祥先生早年毕业于香港理工学院机械工程系，后获英国华威大学制造信息工程硕士和香港理工大学工业及系统工程博士学位。多年来，陈超祥先生致力于机械设计和 CAD 技术应用的研究，已发表技术文章 20 余篇，拥有多个国际专业组织的专业资格，是中国机械工程学会机械设计分会委员。陈超祥先生曾参与欧洲航天局"猎犬 2 号"火星探险项目，是取样器 4 位发明者之一，拥有美国发明专利（US Patent 6，837，312）。

前言

DS SOLIDWORKS® 公司是一家专业从事三维机械设计、工程分析、产品数据管理软件研发和销售的国际性公司。SOLID-WORKS 软件以其优异的性能、易用性和创新性，极大地提高了机械设计工程师的设计效率和质量，目前已成为主流 3D CAD 软件市场的标准，在全球拥有超过 600 万的用户。DS SOLID-WORKS® 公司的宗旨是：to help customers design better products and be more successful——让您的设计更精彩。

"SOLIDWORKS® 公司官方指定培训教程"是根据 DS SOLID-WORKS® 公司最新发布的 SOLIDWORKS® 2019 软件的配套英文版培训教程编译而成的，也是 CSWP 全球专业认证考试培训教程。本套教程是 DS SOLIDWORKS® 公司唯一正式授权在中国大陆出版的官方指定教程，也是迄今为止出版的最为完整的 SOLIDWORKS® 公司官方指定培训教程。

本套教程详细介绍了 SOLIDWORKS® 2019 软件的功能，以及使用该软件进行三维产品设计、工程分析的方法、思路、技巧和步骤。值得一提的是，SOLIDWORKS® 2019 软件不仅在功能上进行了 600 多项改进，更加突出的是它在技术上的巨大进步与创新，从而可以更好地满足工程师的设计需求，带给新老用户更大的实惠！

《SOLIDWORKS® 电气高级教程（2019 版）》是根据 DS SOLID-WORKS® 公司发布的《SOLIDWORKS® 2019：SOLIDWORKS Electrical Advance》和《SOLIDWORKS® 2019：SOLIDWORKS Electrical：3D》编译而成的，主要介绍了使用 SOLIDWORKS Electrical 进行电气布线、电气设计、3D 布线的高级内容。本教程对高级指令和选项的使用进行了详细的介绍，着重讲解了 SOLIDWORKS Electrical 的使用技巧、工具和核心概念。

胡其登　先生　现任 DS SOLIDWORKS® 公司大中国区技术总监

胡其登先生毕业于北京航空航天大学，先后获得"计算机辅助设计与制造（CAD/CAM）"专业工学学士、工学硕士学位。毕业后一直从事 3D CAD/CAM/PDM/PLM 技术的研究与实践、软件开发、企业技术培训与支持、制造业企业信息化的深化应用与推广等工作，经验丰富，先后发表技术文章 20 余篇。在引进并消化吸收新技术的同时，注重理论与企业实际相结合。在给数以百计的企业进行技术交流、方案推介和顾问咨询等工作的过程中，对如何将 3D 技术成功应用到中国制造业企业的问题上，形成了自己的独到见解，总结出了推广企业信息化与数字化的最佳实践方法，帮助众多企业从 2D 平滑地过渡到了 3D，并为企业推荐和引进了 PDM/PLM 管理平台。作为系统实施的专家与顾问，他以自身理论与实践的知识体系，帮助企业成为 3D 数字化企业。

胡其登先生作为中国最早使用 SOLIDWORKS 软件的工程师，酷爱 3D 技术，先后为 SOLIDWORKS 社群培训培养了数以百计的工程师。目前负责 SOLIDWORKS 解决方案在大中国区全渠道的技术培训、支持、实施、服务及推广等全面技术工作。

　　本套教程在保留英文原版教程精华和风格的基础上，按照中国读者的阅读习惯进行了编译，使其变得直观、通俗，让初学者易上手，让高手的设计效率和质量更上一层楼！

　　本套教程由 DS SOLIDWORKS® 公司亚太区资深技术总监陈超祥先生和大中国区技术总监胡其登先生共同担任主编，由杭州新迪数字工程系统有限公司副总经理陈志杨负责审校。承担编译、校对和录入工作的有陈志杨、张曦、李鹏、胡智明、肖冰、王靖等杭州新迪数字工程系统有限公司的技术人员。杭州新迪数字工程系统有限公司是 DS SOLIDWORKS® 公司的密切合作伙伴，拥有一支完整的软件研发队伍和技术支持队伍，长期承担着 SOLIDWORKS 核心软件研发、客户技术支持、培训教程编译等方面的工作。本套教程的操作视频由 SOLIDWORKS 高级咨询顾问李伟、电气培训师冉昆制作。在此，对参与本套教程编译和视频制作的工作人员表示诚挚的感谢。

　　由于时间仓促，书中难免存在疏漏和不足之处，恳请广大读者批评指正。

陈超祥　胡其登

2019 年 3 月

本书使用说明

关于本书

本书的目的是让读者学习如何使用 SOLIDWORKS 软件的多种高级功能，着重介绍了使用 SOLIDWORKS 软件进行高级设计的技巧和相关技术。

SOLIDWORKS® 2019 是一个功能强大的机械设计软件，而书中章节有限，不可能覆盖软件的每一个细节和各个方面。所以本书将重点给读者讲解应用 SOLIDWORKS® 2019 进行工作所必需的基本技能和主要概念。本书作为在线帮助系统的一个有益补充，不可能完全替代软件自带的在线帮助系统。读者在对 SOLIDWORKS® 2019 软件的基本使用技能有了较好的了解之后，就能够参考在线帮助系统获得其他常用命令的信息，进而提高应用水平。

前提条件

读者在学习本书前，应该具备如下经验：
- 电气设计经验。
- 已经学习了《SOLIDWORKS®电气基础教程（2019 版）》。
- 安装了 SOLIDWORKS Electrical 2016 SP1 或更高版本。
- 安装了 DraftSight。
- 安装了 SQLite 浏览器或同等数据库。

编写原则

本书是基于过程或任务的方法而设计的培训教程，并不专注于介绍单项特征和软件功能。本书强调的是完成一项特定任务所应遵循的过程和步骤。通过对每一个应用实例的学习来演示这些过程和步骤，读者将学会为了完成一项特定的设计任务应采取的方法，以及所需要的命令、选项和菜单。

知识卡片

除了每章的研究实例和练习外，书中还提供了可供读者参考的"知识卡片"。这些知识卡片提供了软件使用工具的简单介绍和操作方法，可供读者随时查阅。

使用方法

本书的目的是希望读者在有 SOLIDWORKS 使用经验的教师指导下，在培训课中进行学习；希望读者通过"教师现场演示本书所提供的实例，学生跟着练习"的交互式学习方法，掌握软件的功能。

读者可以使用练习题来应用和练习书中讲解的或教师演示的内容。本书设计的练习题代表了典型的设计和建模情况，读者完全能够在课堂上完成。应该注意到，学生的学习速度是不同的，因此，书中所列出的练习题比一般读者能在课堂上完成的要多，这确保了学习能力强的读者也有练习可做。

标准、名词术语及单位

SOLIDWORKS 软件支持多种标准，如中国国家标准（GB）、美国国家标准（ANSI）、国际标准（ISO）、德国国家标准（DIN）和日本国家标准（JIS）。本书中的例子和练习基本上采用了中国国家标准（除个别为体现软件多样性的选项外）。为与软件保持一致，本书中一些名词术语和计量单位未与中国国家标准保持一致，请读者使用时注意。

练习文件下载方式

读者可以从网络平台下载本教程的练习文件，具体方法是：微信扫描右侧或封底的"机械工人之家"微信公众号，关注后输入"2019DG"即可获取下载地址。

机械工人之家

视频观看方式

扫描书中二维码可在线观看视频。二维码位于各个章节之中的"操作步骤"处，每个二维码对应一个视频。可使用手机或平板电脑扫码观看，也可复制手机或平板电脑扫码后的链接到计算机的浏览器中，用浏览器观看。视频不支持下载。

Windows 操作系统

本书所用的截屏图片是 SOLIDWORKS® 2019 运行在 Windows® 7 时制作的。

格式约定

本书使用下表所列的格式约定：

约　定	含　义	约　定	含　义
【插入】/【凸台】	表示 SOLIDWORKS 软件命令和选项。例如，【插入】/【凸台】表示从菜单【插入】中选择【凸台】命令	⚠️ 注意	软件使用时应注意的问题
提示👆	要点提示	操作步骤 步骤 1 步骤 2 步骤 3	表示课程中实例设计过程的各个步骤
技巧🗝️	软件使用技巧		

色彩问题

SOLIDWORKS® 2019 英文原版教程是采用彩色印刷的，而我们出版的中文版教程则采用黑白印刷，所以本书对英文原版教程中出现的颜色信息做了一定的调整，尽可能地方便读者理解书中的内容。

更多 SOLIDWORKS 培训资源

my. solidworks. com 提供了更多的 SOLIDWORKS 内容和服务，用户可以在任何时间、任何地点，使用任何设备查看。用户也可以访问 my. solidworks. com/training，按照自己的计划和节奏来学习，以提高使用 SOLIDWORKS 的技能。

用户组网络

SOLIDWORKS 用户组网络（SWUGN）有很多功能。通过访问 swugn. org，用户可以参加当地的会议，了解 SOLIDWORKS 相关工程技术主题的演讲以及更多的 SOLIDWORKS 产品，或者与其他用户通过网络进行交流。

目　　录

第1章　线束方框图

1.1　创建线束

【线束】（图 1-1）由不同的工程信息构成，包括方框图或原理图中的电线、电缆、零件和组件。线束的构成可以是方框图、原理图、混合图或没有任何图纸关联而是在线束管理器中以设备型号数据储存的数据。

线束创建的关键要素是端子和线路连接器。线束的连接信息可以是一根预设电缆，但如果含有详细布线信息，则可以提升线束的质量。

在 3D 中完成布线的线束数量来自工程中线束的数量。当多个连接器分配至一根线束时，即使原理图中的相应连接器并没有定义详细的连接信息，该线束也将会在 3D 中实现布线。

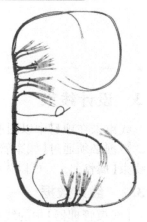

图 1-1　线束

本章将提供一种创建线束的具体方法，除此之外还有在原理图和 3D 中实现线束的其他方法。

1.2　设计流程

主要操作步骤如下：

1. 添加到线束　选择需要关联到线束的数据。

2. 创建线束　在线束管理器中创建线束。

3. 检查线束数据　检查组成线束的各项数据。

4. 选择性的线束布线　在 SOLIDWORKS Electrical 3D 中进行线束布线。

5. 平展线路　把选定的线路平展。

6. 编辑线束路径　编辑布线路径并更新平展线路。

操作步骤

开始课程前，打开 Start_Lesson_01. proj，文件位于 Lesson01\Case Study 文件夹中。启动含有原理图的工程，设计并添加数据至一根线束。在 3D 中识别线束，生成线束并更新

2

平展线路。

步骤1　打开布线方框图　选择图纸"03-Wiring line diagram"，单击【打开】📂。

步骤2　添加到线束　按图1-2所示选择连接器和相连的电缆。右击选中的元素，选择【从线束添加/删除】。在命令窗口中激活【添加到线束】，所选的4个元素被选中，单击【确定】✓，完成添加。

步骤3　创建线束　单击【新建线束】，设置数字区域为"5"并单击【确定】，选择列出的"H5"并单击【选择】。

 为什么需要选择线束?

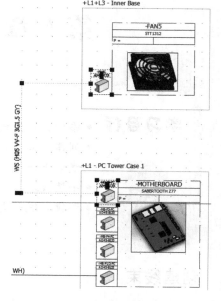

图1-2　添加到线束

1.3　设计线束

线束未在项目中以图形方式突出显示，也未在设备导航器中标识。因此，线束的数量和所关联的数据必须通过【线束管理器】查看。通过线束管理器可以创建、删除和关联线束数据。通过线束【属性】ℹ️，可以为线束增加BOM和设备清单中的制造商设备型号参数。

1.3.1　线束数据

【线束管理器】中的线束包含以下信息：

1. 线束　线束可以通过管理器实现创建和删除。用户可以自定义线束的标注，也可以设定功能、说明、用户数据和翻译数据。

2. 布线方框图　布线方框图显示接线图中电缆的"从-到"信息。

3. 电线　显示原理图中连接的电线"从-到"信息。

4. 电缆　列出布线方框图和原理图中关联至线束的电缆。

5. 部件　列出应用于线束的制造商设备型号。这些是线束的辅件，会包含在线束订购流程中，但没有图纸符号关联，例如线夹、胶带等。相关零件会包含在线束BOM和设备清单中。

6. 设备　列出添加到线束的设备。

知识卡片	线束	●命令管理器：【工程】/【线束】。

步骤4　检查线束　单击【线束】，在【线束管理器】中展开"H1.2"，显示布线方框图和设备，如图1-3所示。

思
考　　　　**线束有什么错误？**

图1-3　检查线束

步骤5　添加设备到线束　单击【关闭】，返回到图纸。选择"-F1-FC"和"-F2-FC"，右击连接器，选择【从结束添加/删除】。单击【确定】，打开管理器，选择"H1.2"并单击【确定】。

步骤6　插入方框图符号　单击【插入符号】，进行如下设置：

- 分类：连接器。
- 说明：Female connector。

按图1-4所示放置符号。为 =F1-F3-FC 创建连接并单击【确定】。

步骤7　插入 FAN4 连接器　重复以上过程，按图1-5所示插入相同符号，关联到 -FAN4，并关联符号到 =F1-F4-FC。

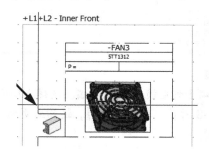

图1-4　放置符号

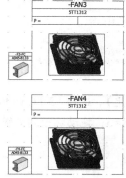

图1-5　插入连接器

步骤8　绘制电缆　单击【绘制电缆】，按图1-6所示绘制连接符号。

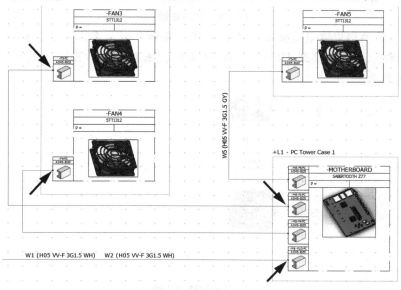

图1-6　绘制电缆

1.3.2 详细布线

知识卡片	详细布线	布线方框图中的【详细布线】用于精确定义所用电缆的详细连接信息。当完全定义后，将同步原理图并提供详细的接线数据。 由于在方框图中的电缆预设，这些数据可以直接在 3D 中实现自动布线。对于定义线束来说，这些信息已经足够创建线束所需的基本信息。详细连接信息也可以在后期的设计中定义。
	操作方法	● 命令管理器：【布线方框图】/【详细布线】。 ● 快捷菜单：右击电缆并选择【详细布线】。 ● 快捷菜单：双击电缆。

步骤 9 详细布线 右击-F3-FC 到-MB-F3-FC 的电缆，选择【详细布线】。单击【预设电缆/缆芯】图标，选择电缆芯，如图 1-7 所示。

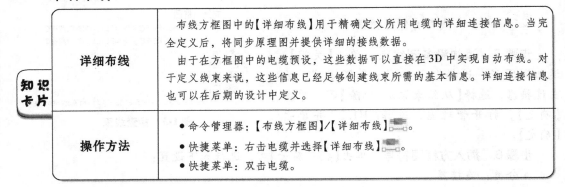

说明	类型	制造商数据	颜色	源	终点
⊟ Start Lesson 01（某些电...					
W3 - white jacket	H05 VV-F 3G1.5 WH	Prysmian	白色	+L1+L2 - Inner Front	+L1 - PC Tower Case 1
brown	其他		棕色		
blue	中性电线		蓝色		
green/yellow	保护		绿-黄色		
W4 - grey jacket	H05 VV-F 3G1.5 GY	Prysmian	灰色	+L1+L2 - Inner Front	+L1 - PC Tower Case 1

图 1-7 预设电缆

单击【确定】。选择 F3-FC 的端子 1、2 和 3，拖动端子到电缆芯的起始端。选择 MB-F3-FC 的端子 1、2 和 3，拖动端子到电缆芯的目标端，如图 1-8 所示。单击【关闭】，返回到页面。

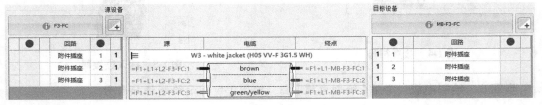

图 1-8 详细布线

步骤 10 显示和隐藏电缆文本 右击电缆，显示电缆信息，单击【显示/隐藏电缆文本】隐藏文本。右击连接到-MB-F1/2-FC 的电缆，选择【显示/隐藏电缆文本】，显示文本，如图 1-9 所示。

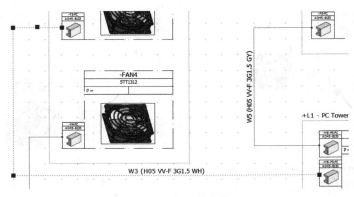

图 1-9 显示和隐藏电缆文本

注意　　　电缆数据应显示在所绘制电缆的最长部分。

步骤 11　预设电缆　双击连接到-F4-FC 的电缆，打开【详细布线】对话框。单击【预设电缆/缆芯】图标，展开列表，选择 W4 的电缆和电缆芯，单击【确定】。

注意　　　连接两个方框图符号的预设电缆，已经足以在 3D 中实现详细布线。

步骤 12　创建线束关联数据　选择连接器-F3-FC、-MB-F3-FC 以及连接的电缆。右击任何一个选择的元素，打开关联菜单。单击【从线束添加/删除】📎，单击【确定】。

单击【新建线束】📎，设置数字区域为"3"并单击【确定】。在列表中选择线束"H3"，单击【选择】。

重复相同的操作，关联-F4-FC、-MB-F4-FC 和连接的电缆到新线束 H4。

步骤 13　启动 SOLIDWORKS Electrical 3D　启动 SOLIDWORKS 软件。

步骤 14　启动插件　单击【工具】/【插件】，选择以下内容：
- 【SOLIDWORKS Electrical】。
- 【SOLIDWORKS Routing】。

单击【确定】。

注意　　　如果 SOLIDWORKS Routing 不可用，并不会影响 SOLIDWORKS Electrical 的运行。所有布线所需工具已经集成在默认的 SOLIDWORKS Electrical 3D 中。

步骤 15　删除临时布线文件　单击【工具】/【SOLIDWORKS Electrical】/【工具】/【应用程序设置】，单击【3D】，勾选【删除临时布线文件】复选框。单击【应用】后重新启动 SOLIDWORKS Electrical 3D。

步骤 16　工程管理器　单击【工具】/【SOLIDWORKS Electrical】/【工程管理器】，打开红色显示的工程名称。单击【确定】，关闭显示工程已经打开的提示界面。

1.3.3　从浏览器打开 SOLIDWORKS 文件

可以直接从浏览器打开【文件导航器】中列出的 SOLIDWORKS 文件。双击 SOLIDWORKS 文件或右击后选择【打开】。

【电气管理器】是一个带有特征管理器设计树的选项卡，包含工程中 2D 创建的设备列表。展开设备名称，可以显示应用到设备的所有部件名称。

步骤 17　打开 3D 文件　在【文件导航器】中展开工程文件集，打开图纸"06-PC Tower Case 1"。

步骤 18　检查线束设备　单击【工具】/【SOLIDWORKS Electrical】/【工程】/【线束】，展开线束"H1.2"，查看关联到线束的连接器，如图 1-10 所示。单击【关闭】。

步骤 19　插入线束 H1.2 连接器　展开位置"L1-Inner Top，F1-FC"，右击设备型号"AD45-8133"，选择【插入自文件】🖼️。浏览到 Lesson01\Case Study 文件夹，选择需要插入的零件 connector（3pin）female.sldprt。在箱体左上方风扇上放置连接器，如图 1-11 所示。

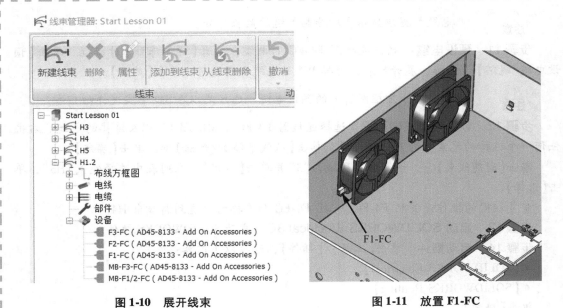

图 1-10　展开线束　　　　　　　　　　　图 1-11　放置 F1-FC

　　重复操作，将连接器 F2-FC 和 MB-F1/2-FC 放置在另一个风扇和主机上，如图 1-12 所示。

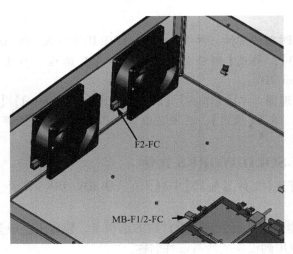

图 1-12　放置其他连接器

1.3.4　绘制所选线束

知识卡片	线束布线	选择单个或多个线束布线要比整个工程中所有线束一次性布线更好。一方面可以减少布线时间，另一方面可以检查已经完成的布线，或更新修改的线束布线。
	操作方法	●命令管理器：【SOLIDWORKS Electrical 3D】/【绘制线束】/【选择线束】。

步骤20 绘制线束 从【SOLIDWORKS Electrical 3D】中单击【绘制线束】。在【绘制线束】中设置相关选项，如图1-13所示。

图1-13 绘制线束

1.3.5 布线参数

调整【布线参数】会有不同的效果。如果设置的值太小，可能导致线束布线失败；如果设置的值太大，则会导致线束布线时间太长。可设置的参数类型最多有三个，在电缆或线束布线时会用到其中的两个。在变量中填写距离，程序会根据空间位置的设定分析实体成功布线的需求。

线束布线时会用到两个参数：【EW_PATH】用于设定不同3D草图之间的距离；【EW_CABLE】用于设定电缆连接点与轴线【EW_PATH】的距离。

1.3.6 路径算法

不同的算法会影响布线时间，【智能算法】将会自动选择最快的方法。但是在某些装配体中，可以选择一个特定的算法和引擎来改进布线时间。

1.3.7 线束布线

单个线束将作为唯一的SOLIDWORKS部件进行布线，线束中包含的不同电线或电缆将作为单独的线束进行布线。线束H1.2包含连接到同一个连接器的两根电缆，这两根电缆在连接到连接器时会按照指示自动合并在一起，如图1-14所示。

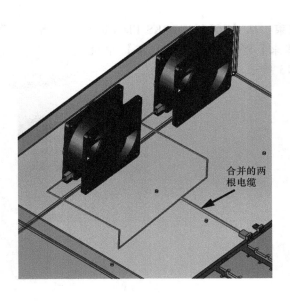

合并的两
根电缆

图1-14　线束布线

步骤21　**插入线束连接器设备**　使用 Lesson01 \ Case Study 文件夹中的零件 connector
（3pin）female. sldprt 添加连接器，如图 1-15 所示。

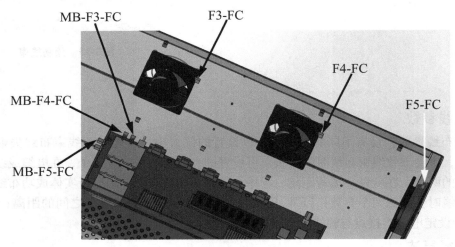

MB-F3-FC　　　　　F3-FC

F4-FC

MB-F4-FC　　　　　　　　　　　　　　　F5-FC

MB-F5-FC

图1-15　插入线束连接器设备

步骤22　**绘制线束**　单击【绘制线束】，选择【所有线束】，单击【确定】。根据提
示，删除已有线束。

步骤23　**平展线路**　在 Electrical 3D 上单击【平展线路】，在布线实体列表中单击
【EWRoutingAssyHarness-H1.2】，单击【确定】。按图 1-16 所示进行设置，单击【确定】。
在 BOM 模板中单击【确定】，添加长度区域。

平展线路

信息

选取'制造'从展开的线路生成工程图以调整
比例。

选取'注解'生成不缩放比例的图解工程图。

消除选取'工程图'选项在没有生成工程图的情
况下生成平展线路。

平展类型(T)
- ● 注解(N)
- ○ 制造(M)

平展选项(O)
- ☐ 平展线夹(C)
- ○ 显示 3D 接头(3)
- ● 使用工程图接头块(K)

☑ 工程图选项
图纸格式模板:

a2- landscape

☑ 电气材料明细表(E)

bom-standard

☑ 切割清单(L)

bom-circuit-summary

☑ 接头表格(B)

☑ 自动零件序号(A)
☑ 显示线提示框

图 1-16　平展线路

步骤 24　编辑布线　使用〈Ctrl + Tab〉键返回主装配体。退出草图，右击线束 H1.2 合并部分，并选择【编辑线束】。选择两个样条曲线，添加【相切关系】，如图 1-17 所示。退出草图，确认调整。

步骤 25　更新工程图　使用〈Ctrl + Tab〉键返回平展后的线束实体，线束的长度会在线束改变后自动更新，如图 1-18 所示。

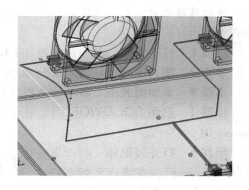

图 1-17　编辑布线

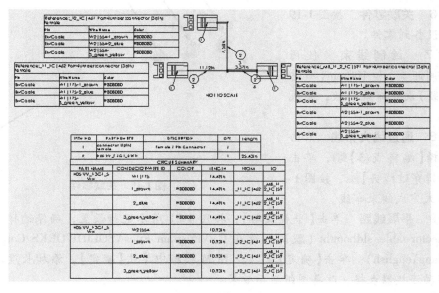

图 1-18　更新工程图

练习　线束

本练习将在原理图中添加连接器，将原理数据关联到线束中。关联连接器到 3D 零件，布线并修改线束，平展线路。

本练习将使用以下技术：

- 添加到线束。
- 创建线束。
- 绘制线束。
- 编辑布线。
- 平展线路。

操作步骤

开始练习之前，先解压缩并打开 Start_Exercise_01. proj，文件位于 Lesson01\Exercises 文件夹中。

步骤1　打开图纸　打开原理图"04-Electrical scheme"。

步骤2　插入连接器　插入 6Pin 连接器符号，并关联到已有设备"=F1-J1"。

步骤3　添加到线束　添加所有图纸数据到线束。

步骤4　启动 SOLIDWORKS　启动 SOLIDWORKS Electrical 3D 并打开工程 Start_Excercise_01。

步骤5　打开装配体　打开图纸"05-Harness"，当提示更新文档时，单击【不更新】。在属性管理器中选择连接器_J1 到_J6，单击【显示】👁。

步骤6　关联零件　按图 1-19 所示关联设备到零件。

步骤7　绘制线束　使用 10mm(轴间距离)和 100mm(布路点与轴间距)设置布线参数，完成布线。

步骤8　通过线夹布线　右击线束，选择【编辑线路】🕷，单击【布线/编辑穿过线夹】🕸，按图 1-20 所示方式完成线束布线。

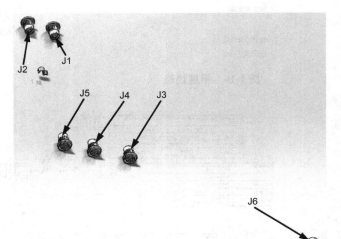

图1-19　关联零件

步骤9　平展线路　单击【平展线路】，按图 1-21 所示进行设置，确保选择了连接器表格 connector-table. sldbomtbt（默认存放在 C:\Program Files\SOLIDWORKS Corp\SOLIDWORKS\lang\english）。单击【确定】✔。在 BOM 模板中单击【确定】，添加长度。按图 1-22 所示移动连接器表格，改善图纸显示效果。

步骤10　保存工程　单击【保存】💾，关闭工程。

图 1-20　添加线夹

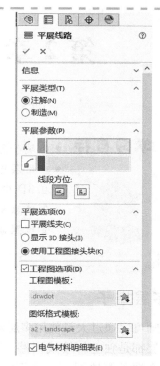

图 1-21　平展线路

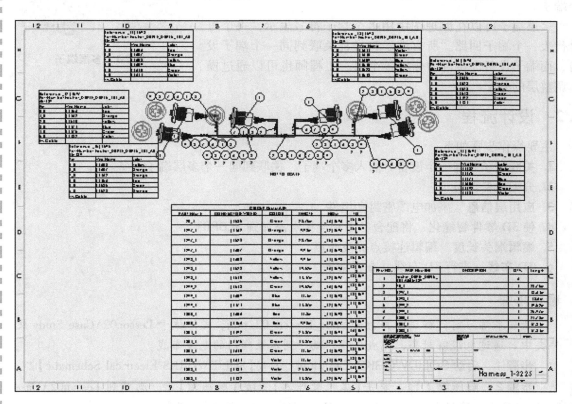

图 1-22　更新工程图

第 2 章 多层端子和黑盒

学习目标
- 为端子原理图符号关联多层端子
- 应用层信息
- 在 3D 中对多层端子布线
- 创建黑盒
- 管理黑盒的回路和端子

扫码看视频

2.1 多层端子

工程师可以通过大量使用多层端子（图 2-1）来节省安装空间。一个端子模块可以含有多层端子，每层都是独立的接线回路。对于多相回路只需要使用这样的单个端子模块即可，而不需放置多个独立安装的一个个端子。

多层端子可以在原理图中用多个端子符号表示，每个符号代表一个端子回路。所有端子符号都关联到同一个端子设备，而端子设备也会自动分配各个层。工程师也可以通过操作调整层的分配。

图 2-1 多层端子

2.2 设计流程

主要操作步骤如下：

1. **关联端子到同一个设备** 插入多个端子，关联到同一个多层端子设备。
2. **分配设备型号**
3. **应用层信息** 添加电缆密封套组件。
4. **使 3D 零件智能化** 将配合参考和连接点添加到 SLDPRT。
5. **编辑端头长度** 编辑连接点剥皮长度。
6. **3D 布线** 进行 3D 布线并查看结果。

操作步骤

开始本练习前，解压缩并打开 Start_Lesson_02. proj，文件位于 Lesson02\Case Study 文件夹中。通过电缆密封套，完成从柜体端子到水泵阀门的电缆布线。

步骤 1 启动 SOLIDWORKS Electrical 启动【SOLIDWORKS Electrical Schematic】 。

步骤 2 解压缩工程 单击【工程管理器】 的【解压缩】 。浏览到 Lesson02\Case Study 文件夹，选择文件 Start_Lesson_02. proj. tewzip，单击【打开】。

步骤 3　更新数据　单击【确定】/【更新数据】，单击【向后】和【完成】开始更新数据。

步骤 4　定义层　打开图纸"105-PLC Outputs"，右击端子"-X2 1"，选择【定义层】，设置【层数】为"2"，单击【确定】。单击【是】，删除之前已经分配的设备型号，应用多层。

⚠️ **注意**　只有未分配设备型号的端子才可以设置层。

步骤 5　关联端子　右击端子"-X2 2"，选择【符号属性】。将符号关联到位置 L2 中的" ＝F1-X2 1（2）"，单击【确定】。

步骤 6　多层端子设备　单击设备导航器，展开位置"L2-Chassis"和端子排" ＝F1-X2 1（2）"。

⚠️ **注意**　当原理图中关联多个端子符号到一个端子设备时，会自动定义为多层端子。层的数量会显示在端子名称旁，如图 2-2 所示。

步骤 7　解压零件　在设备型号管理器中单击【解压缩】。浏览到 Lesson02＼Case Study 文件夹，选择 Wago. part. tewzip，单击【打开】。

步骤 8　解压缩向导　单击【向后】两次，将添加的选项设置为【更新】，如图 2-3 所示。单击【向后】和【完成】。单击【关闭】，退出管理器。

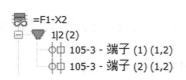

图 2-2　端子名称

图 2-3　解压缩向导

步骤 9　分配零件　右击端子设备"1丨2(2)"，选择【分配设备型号】。在筛选界面上将【制造商数据】设置为【Wago】，选择设备型号"870-553"，单击【查找】。单击【添加】，单击【选择】应用零件。

2.3　端子编号

多层端子都有一个独一无二的标记系统，可以由用户定义。选择在端子上定义层时，可以预先定义端子层数，如图 2-4 所示。

一旦定义了端子层，就可以选择两种标注系统中的一种。

第一种是已经分配了层名称时，使用端子号加上层名称（作为后缀）作为标记系统。该系统有助于识别哪一层端子将用于接线，关联至同一个多层端子的端子号是相同的。

层名称可以在软件中两个地方设置：第一个是通过【端子符号属性】/【设备型号】，默认情况下，将自动应用层名称，但是【手动层】检查时允许在层名称字段中引用期望的字母数字值，如图 2-5 所示；第二个定义层名称的位置是【设备型号属性】/【回路和端子】。

另一种标记系统只使用一个值，即层标记，用于构成多层端子的每个端子。这个值是可变的，用户可以在层名称字段中输入任何期望的字母数字值，该字段将显示在端子上。

13

图 2-4　定义端子层　　　　　　　　　　　　　　**图 2-5　层命名**

层名称	手动层	层顺序
1	✔	1
11	✔	2

步骤 10　应用多层　右击端子设备"1 | 2 | 3(3)"，选择【属性】/【设备型号与回路】。改变端子回路层名称，如图 2-6 所示。单击【确定】。

回路					
状态	说明	端子号	关联符号	部件	层名称
■	端子	1.2	105-3	870-553	L1
■	端子	3.4	105-3	870-553	L2
■	端子	5.6		870-553	L3

图 2-6　应用多层

步骤 11　解压零件　启动 SOLIDWORKS。单击【打开】，选择 Lesson02\Case Study 文件夹中的零件 870-553. SLDPRT。单击【工具】/【SOLIDWORKS Electrical】/【电气设备向导】。单击【配合参考】。

步骤 12　配合导轨　单击参考名称【对于轨迹】/【添加】，应用图 2-7 显示的【顶面】与【正面】的配合。

单击【确定】，返回【Routing Library Manager】，单击【Routing 功能点】。

步骤 13　定义连接点　单击【来自制造商零件的连接点】/【添加】。从命令面板中单击【请选择设备型号】，输入型号"870-553"，单击【查找】。找到型号后，单击【确定】。按图 2-8 所示插入连接点。单击【取消】返回到向导，单击【确定】。

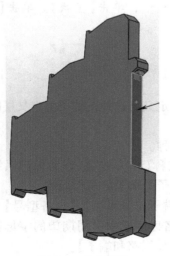

图 2-7　配合导轨

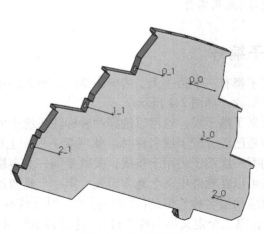

图 2-8　定义连接点

　　步骤14　编辑特性　为了更形象、正确地显示端子的布线，需要修改默认的连接点剥皮长度。单击 SOLIDWORKS 属性管理设计树，右击连接点"0_0"，选择【编辑特性】。设置剥皮长度为"25"，单击【确定】。重复以上操作，分别设置以下连接点：

- 0_1:25。
- 1_0:15。
- 1_1:15。

　　单击【关闭】离开 Routing Library Manager。单击【关闭】/【保存所有】。

　　步骤15　打开工程　从工程管理器中单击【打开】。单击【SOLIDWORKS Electrical】/【工程管理器】，打开 Start_Lesson_02。

　　步骤16　打开图纸　双击图纸"107 Main electrical closet"。

　　步骤17　插入端子　展开端子排 X2 和端子 L1｜L2｜L3。右击零件"870-553"，选择【添加自文件】 🖼。浏览到 Lesson02 \ Case Study 文件夹，选择更新过的零件 870-553.SLDPRT，放置在端子排导轨的左侧，如图 2-9 所示。

　　步骤18　布线　单击【布线】，单击多层端子，然后单击【确定】，如图 2-10 所示。

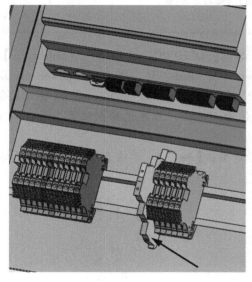

图 2-9　插入端子

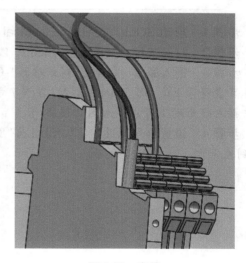

图 2-10　布线

注意　　对于相同的系统，使用多层端子时，会比其他端子总宽度节省 50%。

2.4　黑盒

　　黑盒是一个只显示输入输出的电气设备，不会在原理图中显示内在的工作信息。黑盒由一个方形或矩形的符号表示，会根据电线的连接自动创建连接点。工程师也可以自行增加连接点。这些特性使得设计更具灵活性，可以更快捷地解决设计问题。

　　黑盒符号可以在符号管理器中创建，但是符号的外形仅限于矩形框。如果黑盒符号本身没有矩形框，则符号在插入至图纸中时会自动添加矩形框。

2.5 操作步骤

主要操作步骤如下：

1. **插入黑盒**　在电线上插入黑盒。
2. **更新黑盒**　为黑盒连接电线并更新黑盒，自动添加连接点。
3. **添加连接点**　手动添加连接点后连接电线。
4. **检查回路**　在黑盒符号上检查回路数量。
5. **重新绘制黑盒**　删除并重新绘制黑盒，创建不同的电线连接点。
6. **关联设备型号**　关联设备型号至黑盒，更新类型及端子号。

操作步骤

　　下面将会使用与多层端子相同的项目数据，插入、更新和修改黑盒，分配设备型号并匹配回路。

知识卡片		
	插入黑盒	● 命令管理器：【原理图】/【插入黑盒】。

步骤1　启动 SOLIDWORKS Electrical　启动【SOLIDWORKS Electrical Schematic】。

步骤2　打开工程　打开工程 Training Lesson 02，单击图纸"102-Mixed power scheme"。

步骤3　插入黑盒　【缩放】到断路器"-Q2"，将【捕捉】改为"2.5"。单击【插入黑盒】，选择黑盒符号 EW_BB_BlackBox_2。在 N-7 电位左侧单击，作为起始点位置。再在右下方单击插入矩形的下方点，如图 2-11 所示。

步骤4　设置符号属性　将【源】改为"T"后单击【确定】。单击黑盒符号，移动标注-T1 到左上方，如图 2-12 所示。

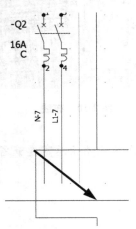

图 2-11　插入黑盒

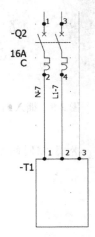

图 2-12　移动 T1

⚠️ **注意**　系统会在黑盒与电线相交的地方自动添加连接点，添加的每个端子代表一条独立的回路。

2.6　黑盒回路

黑盒在有电线连接时会自动在外框上添加多条端子回路。因此，当三相线通过黑盒时，黑盒将会创建 3 条回路，每条回路有 2 个端子，以此来对应 6 个电线连接点，如图 2-13 所示。

⚠ **注意**　黑盒上下两侧的电线类型相同时，上下两个连接点所在的回路相同。

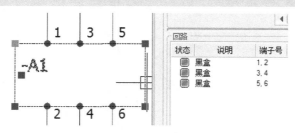

图 2-13　黑盒回路

步骤5　更新黑盒　单击【绘制单线】类型，选择线型【N L1 L2 L3】，在黑盒端子 1 另一侧的下方绘制【保护线】，如图 2-14 所示。右击黑盒，在快捷菜单中选择【更新黑盒】，这将会在连接的地方自动添加新的回路和端子。

⚠ **注意**　【更新黑盒】仅在以下情况下可用：当电线连接到黑盒外框时，此处并没有已存在的连接点。

步骤6　添加连接点　右击黑盒，在快捷菜单中选择【添加设备连接点】。在黑盒端子 3 的另一侧下方单击并添加新回路的端子，如图 2-15 所示。单击【确定】，结束操作。

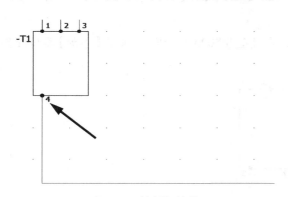

图 2-14　绘制保护线

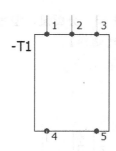

图 2-15　添加连接点

步骤7　绘制电线　单击【绘制单线】类型，选择" =24V"绘制电线连接到端子 5。

步骤8　检查回路　双击黑盒"-T1"，单击【设备型号与回路】。当前有 5 条回路，每条回路有一个连接点。重建黑盒可以减少回路的数量。单击【确定】。

步骤9　取消端子连接　删除连接到黑盒端子 4 和 5 上的电线，留下水平的电线，如图 2-16 所示。

步骤10　删除黑盒　单击【删除】删除黑盒，按图 2-17 所示延长两根电线。

18

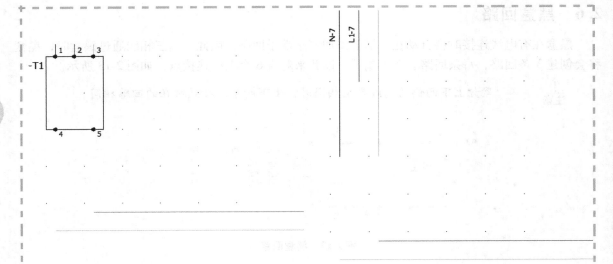

图 2-16　取消端子连接　　　　　　　　　图 2-17　删除黑盒

步骤 11　插入黑盒　单击【插入黑盒】，绘制矩形框。设置【源】为"T"后单击【确定】。将标注-T1 移动到黑盒的左侧。延长连接到端子 2 和 5 的电线，以连接到水平的电线上，如图 2-18 所示。

步骤 12　延伸电线样式　右击最上方的水平电线，选择【电线样式】/【延伸】，设置【延伸】选项为【到等电位】，单击【确定】。重复操作，设置最下方的水平电线，单击【确定】。

⚠️ **注意**　如果产生电位冲突，可右击电线，选择【解决电位冲突】。结果如图 2-19 所示。

步骤 13　分配设备型号　双击黑盒，查找型号"025457900"。单击【添加】添加设备型号，单击【选择】。

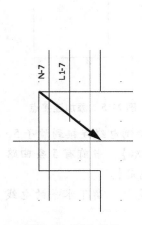

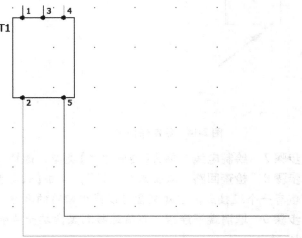

图 2-18　插入黑盒　　　　　　　　　图 2-19　解决电位冲突

步骤 14　关联回路　将黑盒端子号为 1、2 的回路拖放到端子号为"L，V＋"的【变压器】回路中。单击【确定】。继续重复操作，完成其他回路的关联，如图 2-20 所示。单击【确定】。单击制造商和设备型号信息，将它们移动到黑盒右侧，如图 2-21 所示。

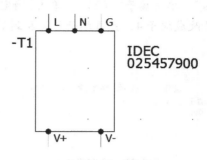

图 2-20　关联回路	图 2-21　移动信息

练习　多层端子/黑盒

本练习将关联多个端子，以创建一个多层端子设备。在电路上创建一个具有多层端子的黑盒。

本练习将使用以下技术：

- 多层端子设备。
- 应用多层。
- 插入黑盒。

操作步骤

开始练习之前，先解压缩并打开 Start_Exercise_02. proj，文件位于 Lesson02 \ Exercises 文件夹中。

步骤 1　打开图纸　双击原理图"105-PLC Outputs"，缩放到-Y2 至-Y4。

步骤 2　修改关联端子　右击端子"-X2 3"，选择【符号属性】。更改端子号为"2"，单击【确定】。右击端子"-X2 3"，选择【符号属性】。关联端子到"＝F1-X2 2"，单击【确定】。在设备导航器中右击端子"＝F1-X2 2 (2)"，选择【分配设备型号】，使用【Schneider Electric】的【AB1TRSN435】，单击【确定】。

步骤 3　定义层　右击端子"-X2 5"，选择【符号属性】，更改端子号为"3"，单击【确定】。右击端子"-X2 3"，定义层数为"2"，选择【使用端子和层标准】。

步骤 4　检查层　右击端子"-X2 3.1"，选择【符号属性】/【设备型号与回路】，如图 2-22 所示。

⚠️**注意**　系统会根据层信息自动添加虚拟回路和层名称。

步骤 5　关联端子　单击【确定】。右击端子"-X2 6"，选择【符号属性】。展开"L2-Chassis"，单击端子"3（2）"，单击【确定】，如图 2-23 所示。重复操作改变端子 7 和 8，将端子 7 改成端子 4，并将端子 8 关联到端子 4。

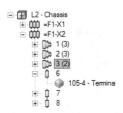

图 2-22　检查层信息　　　　　　　　　图 2-23　关联端子

⚠️**注意**　关联端子到另一个端子形成的多层信息，并不会自动添加层数。

步骤 6　在端子上应用层　打开设备导航器，展开"L2 -Chassis"、多层端子"＝F1-X2 3（2）"和"4（2）"。右击端子"4（2）"，选择【分配设备型号】，应用【Schneider Electric】的设备型号【AB1TRSN435】，单击【确定】。

步骤 7　分配电缆　选择电位 12、13 和 14。右击电位 12，选择【关联电缆芯】。展开电缆 W6、W7 和 W8，选择每根电缆的【棕色】芯，再选择界面下方的电线，单击【关联电缆芯】，单击【确定】，如图 2-24 所示。

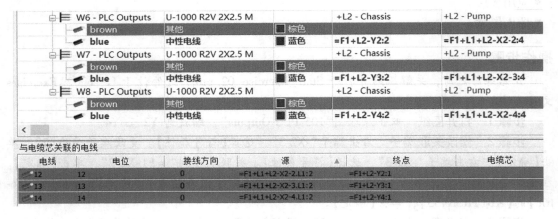

图 2-24　分配电缆

步骤 8　插入黑盒　打开图纸"102"，缩放到-Q2，选择【插入黑盒】。绘制黑盒矩形框，单击【确定】，如图 2-25 所示。

步骤 9　检查回路和端子号　右击黑盒，选择【符号属性】/【设备型号与回路】，如图 2-26 所示。

步骤 10　保存工程　单击【保存】，关闭工程。

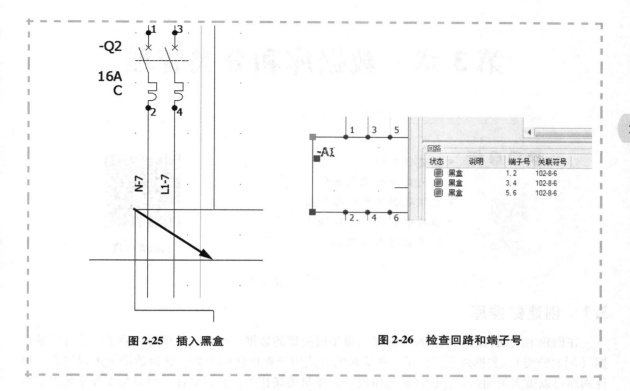

图 2-25　插入黑盒　　　　　　图 2-26　检查回路和端子号

第3章　数据库和分类管理

学习目标
- 创建数据库
- 定义数据库应用类型
- 关联数据库至已有数据
- 项目中应用特定数据库
- 使用数据库做筛选

扫码看视频

3.1　创建数据库

在创建电气项目时，数据库储存了大量不同类型的数据。在筛选数据时，除了一些常用的数据（例如分类），数据库也提供了一种简单的方式用于查找使用数据。通过数据的逻辑组合，设计周期可以被大量缩短。在设计初始阶段，为项目关联相关的数据属性，可以减少外来数据对特定设计的干扰。数据库属性可以分配给符号、图框和设备型号等，该属性在数据校对、移除或修改时可帮助数据快速定位。在协同设计环境下，设计工作的完整性能够得到更好的保证：一方面，在校对和审核阶段，数据库内容很难查询；另一方面，数据库属性允许管理员更好地控制各个团队的不同设计数据。

数据库所关联的数据类型如下：

1. 符号　允许包含 SOLIDWORKS Electrical 的各种符号，包括原理图符号、方框图符号、接线图符号、2D 布局图符号。

2. 设备型号　允许包含任何制造商数据的设备型号。设备只可以通过制造商设备型号管理器与数据库属性实现关联。

3. 电缆型号　允许包含任何制造商数据的电缆型号。电缆型号只可以通过电缆型号管理器与数据库属性实现关联。

4. 宏　允许包含宏文件。数据库属性可以在创建宏的命令界面或宏管理器中实现关联。

5. 图框　允许包含图框文件。数据库属性可以在创建图框的命令界面或图框管理器中实现关联。

所有的关联均通过相关的属性界面完成操作。工程设计界面所使用的数据库属性是在工程的配置中完成设定的。

本章提供的信息是在程序中经常使用到的 SOLIDWORKS Electrical 数据库属性。

3.2　设计流程

主要操作步骤如下：

1. 创建数据库　创建数据库，关联不同的数据类型。

2. 关联不同的数据类型　定义不同的数据类型并关联到数据库属性。

3. 定义工程所使用的数据库　指定工程配置所用数据库属性。

4. 应用数据库属性到工程文件　使用筛选快速定位到特定的数据库类型并快速应用。

操作步骤

　　创建新数据库，关联数据库到新工程。应用已有的数据类型到数据库，并快速应用到工程文件。

　　步骤1　打开数据库管理器　在【数据库】选项卡中单击【数据库管理器】✉。

　　步骤2　新建工程级数据库属性　单击【新建】🗋，输入名称"工程级"，说明信息为"图框-宏"。

　　步骤3　设置对象类型　更改数据库属性，如图 3-1 所示。单击【确定】。

图 3-1　设置对象类型

　　步骤4　新建绘图级数据库属性　单击【新建】，按图 3-2 所示修改数据库属性。单击【确定】，创建数据库。单击【确定】，关闭对话框。

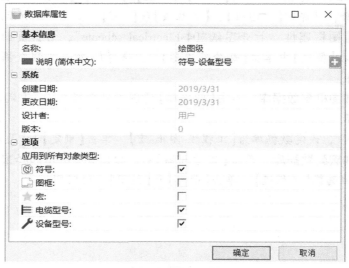

图 3-2　修改数据库属性

23

⚠️ 注意　　单击【取消】，离开数据库管理界面，将会取消并移除新建的数据库属性。

3.3　数据库筛选

有两个区域可以实现数据库的管理，每个区域的操作都会影响可用数据库的数量和类型。

1. 管理器　所有数据库管理器都可以进行数据库属性管理。

2. 工程　当工作于工程时，有以下几种数据库属性可以使用：

〈All〉：可以访问所有数据库。

〈无数据库〉：可以访问未分配数据库属性的数据。

〈所有工程数据库〉：可以访问工程配置中已定义的任何数据库。

知识卡片	数据库及控制面板	【数据库及控制面板】列出了所有可以使用的数据库。其中任何一个数据库均可以选择并筛选特定的数据类型。
	操作方法	● 命令管理器：【工程】/【配置】/【数据库及控制面板】。 ● 命令管理器：【数据库】/【符号管理器】（【2D 安装图管理器】、【图框管理器】、【电缆型号管理器】、【设备型号管理器】）/【属性】ⓘ。

步骤 5　新建工程　单击【工程管理器】/【新建】。选择 IEC 模板，单击【确定】。设定【语言】为【简体中文】。填写工程名称为"数据库"，单击【确定】。

⚠️ 注意　　如果默认的 IEC 模板被改变或删除，可以从 Lesson03\Case Study 文件夹下复制该文件。

步骤 6　选择工程数据库　单击【工程】/【配置】/【工程】/【数据库及控制面板】。取消所有数据库的选择，只保留【绘图级】、【工程级】和【IEC】，如图 3-3 所示。单击【确定】。

步骤 7　设置图框属性　打开图纸"04-Electrical scheme"，右击页面名称，选择【图框】/【替换】🔍。在【筛选】中单击【删除筛选器】🔖，选择【〈所有工程数据库〉】，如图 3-4 所示。单击【关闭】。

步骤 8　添加图框到数据库　单击【数据库】/【图框管理器】📠，设定筛选器并选择图框，如图 3-5 所示。

单击【属性】ⓘ，设定数据库为【工程级-图框-宏】。单击【确定】和【关闭】，返回图纸。

步骤 9　添加宏到数据库　单击【宏管理器】🖼，按图 3-6 所示选择宏。单击【属性】，在数据库属性区域选择【工程级】。单击【确定】和【关闭】，返回图纸。

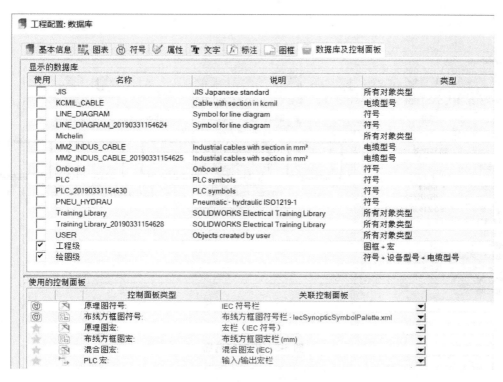

图 3-3　设置工程数据库

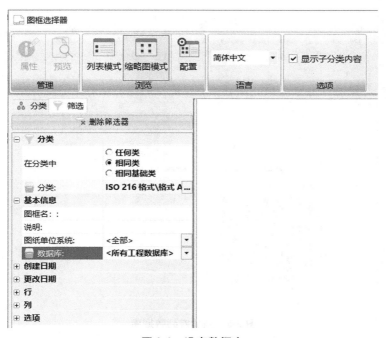

图 3-4　设定数据库

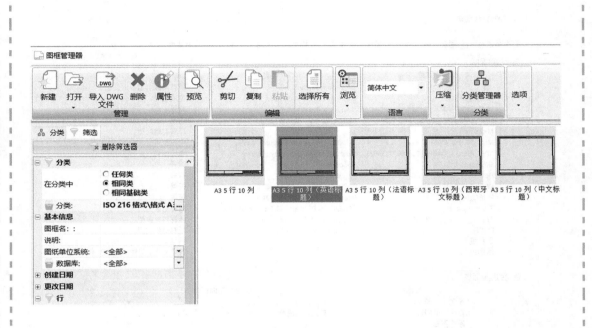

图 3-5　设定筛选器

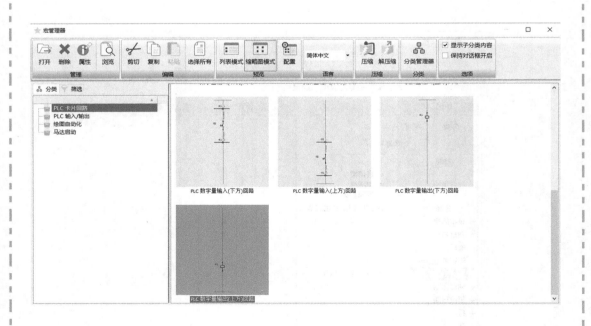

图 3-6　添加宏到数据库

步骤 10　使用工程级数据库
右击图纸"04-Electrical scheme"，选择【图框】/【替换】🔍。在【筛选】中单击【删除筛选器】，选择【工程级-图框-宏】。【选择】图框"A3 5 行10 列（中文标题）"。在侧边栏的宏导航器中右击【马达启动】，选择【添加现有宏】☆。使用筛选器快速定位并选中宏，如图 3-7 所示。单击【选择】，添加宏。

步骤 11　添加设备型号和符号到宏　单击【符号管理器】，选择"手动常开按钮"和"手动常闭按钮"，如图 3-8 所示。单击【属性】🔵，设定数据库为【绘图级-符号-设备型号】。单击【确定】保存修改，单击【关闭】返回图纸。

图 3-7　定位宏

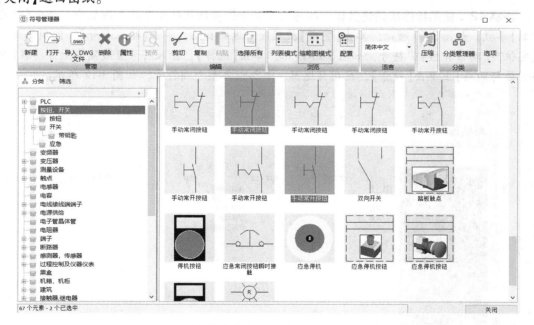

图 3-8　选择"手动常开按钮"和"手动常闭按钮"

单击【设备型号管理器】，应用筛选器并按图 3-9 所示选择设备型号。单击【属性】🔵，选择【绘图级-符号-设备型号】。单击【确定】保存修改，单击【关闭】返回图纸。

⚠️ **注意**　如果找不到设备型号，可以在 Lesson03\Case Study 文件夹下找到并解压缩数据。

图 3-9 找到设备型号

步骤 12 使用绘图级筛选数据 从马达启动中使用拖放将宏添加至图纸中。设定【特定粘贴】参数，如图 3-10 所示。单击【完成】放置宏，返回页面。单击【插入符号】，使用筛选快速定位"手动常开按钮"符号，如图 3-11 所示。单击【选择】，插入符号至线圈的上方。在【设备型号与回路】上单击【搜索】，应用筛选器，添加设备型号到符号，如图 3-12 所示。

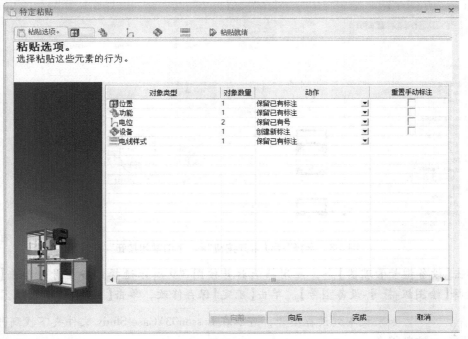

图 3-10 设定特定粘贴参数

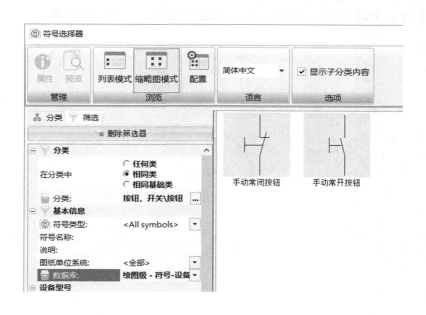

图 3-11　快速定位符号

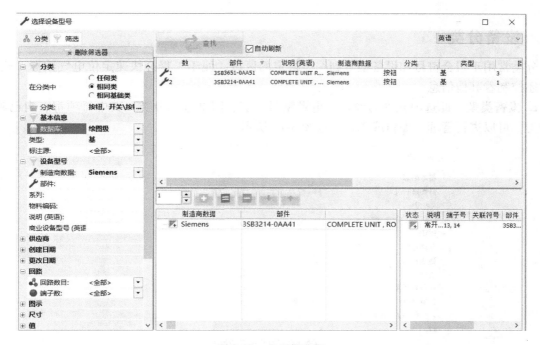

图 3-12　应用筛选器

单击【选择】应用设备型号，单击【确定】。单击以插入符号，使用相同的步骤筛选并快速定位到"手动常闭按钮"，选定型号 3SB3203-0AA21，如图 3-13 所示。

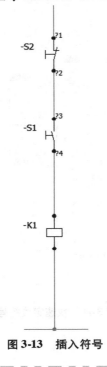

图 3-13　插入符号

3.4　设备分类

分类常用于组合符号和设备型号到一个特定的区域，便于工程师快速定位电气数据。此外，分类还控制着其他信息：

1. 设备类型　此选项允许为设备、电缆型号、宏、图框选择分类，其中每项都有自己独特的分类，可以进行管理、编辑或创建，如图 3-14 所示。

图 3-14　设备类型

2. 源　这是应用在设备上的默认标识符，例如熔断器是 F，继电器是 K。

> **提示**　源也可以应用于符号或设备型号，该设定会应用到子分类中。如果符号的源设置为空，则使用分类的源标识符。如果符号的源有设定，则以符号的源代替分类的源标识符。设备的源标识符与此操作方式相同，但仅用于特定环境。基于设备型号创建设备时，设备型号的源标识符将优于分类源标识符和符号标识符的使用。例如，使用【插入 PLC】命令需要在插入符号前选择设备型号。

3. 默认符号　设备在不同的页面类型中将会以不同类型的符号表示。对于符号，可以为每个分类设定默认的 3D 零件、2D 布局图和接线图符号。使用 80/20 法则，基本可以确定一个分类大部分情况下的默认符号。

4. 制造商数据　分类可以设定 1～7 个与之关联的参数，这些参数应用于匹配分类的制造商数据和设备型号属性。用户可定义用于输入的技术参数的数量和类型。与每个数据字段关联的值可以通过下拉菜单选择。软件也提供额外级别的数据定制。

应用于这些字段的数据是分优先级的，制造商数据字段信息会被推送到设备型号字段。基于这个机制，应用于设备制造商数据字段中的任何信息在应用于设备时将被部件字段自动覆盖。唯一的例外是部件字段为空。

5. 设备用户数据/可译数据　用户数据和可译数据字段基于分类关联至设备。所以，在线圈分类中添加新的用户数据，所有该分类中的设备型号数据将会自动调用该参数。

> **提示**　用户数据和可译数据也可以应用到任意设备，并将自动应用于该类别的其他设备，应用方式包括原理图、方框图，或进入设备属性后自定义。

3.5　操作步骤

主要操作步骤如下：

1. 设备分类　进入设备分类，修订源标注。

2. 添加用户数据　将用户数据添加到分类。

3. 关闭分类值　移除分类的值。

4. 设定和应用设备源标识符　创建设备时应用源标识符。

知识卡片	设备分类	● 命令管理器：【数据库】/【设备分类】🖧。

操作步骤

　　步骤 1　设置分类属性　在【数据库】选项卡中单击【分类管理器】，选择【按钮，开关】分类。单击【属性】，修改源和制造商数据，如图 3-15 所示，单击【确定】。

　　步骤 2　对用户数据分类　单击【自定义】📇，按图 3-16 所示更改简体中文说明。

　　步骤 3　插入群　单击【插入群】📄，输入简体中文"辅助回路"，单击【确定】。选择新建的【辅助回路】群，单击【上移】⬆，调整到图 3-17 所示位置。

32

图 3-15 设置分类属性

图 3-16 自定义用户数据

步骤 4 插入用户数据 选择【辅助回路】群，单击【插入用户数据】。按图 3-18 所示添加群和用户数据。单击【确定】对分类应用进行更改。

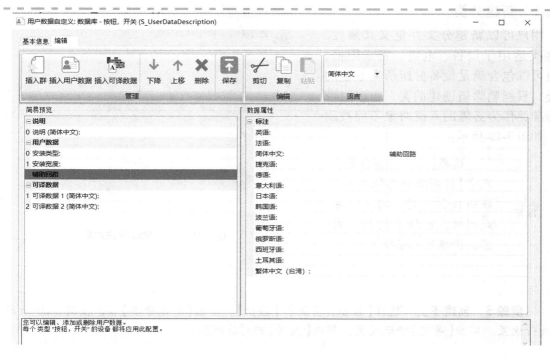

图 3-17　调整位置

图 3-18　添加群和用户数据

注意

插入用户数据前先选择群，则用户数据会添加到群中。

3.5.1　新建分类

用户可以新建分类并定义其属性。这些类适用于设备、电缆、宏或图框，并且可以包含满足设备分组所需数量的子类。只能删除新创建的类，程序附带的标准类作为必需的系统对象不能被删除，如图 3-19 所示。

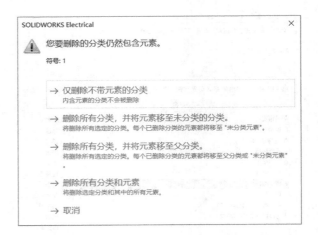

图 3-19　无法删除系统对象

> ⚠ **注意**
> 选择【删除所有分类和元素】将删除分类和与之关联的任何部件、符号、宏或图框，包括子类及其内容，请慎用此选项。

步骤5　创建子类　选择【按钮，开关】/【按钮】，单击【新建分类】，按图 3-20 所示进行设置。单击【确定】确认设置，单击【关闭】回到原理图。

图 3-20　分类属性设置

步骤6　添加到类　在【数据库】选项卡中单击【符号管理器】，选择符号"TR-EL237"，将其拖拽至新创建的分类【按钮】/【绿色】中，如图 3-21 所示。单击【关闭】。

步骤7　应用设备用户数据　双击常开按钮，打开【设备属性】对话框，按图 3-22 所示填写对应参数，单击【确定】。双击常闭按钮，打开【设备属性】对话框，按图 3-23 所示填写对应参数，单击【确定】。

34

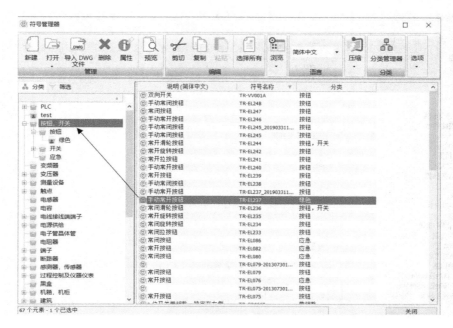

图 3-21　添加到类

图 3-22　应用设备用户数据

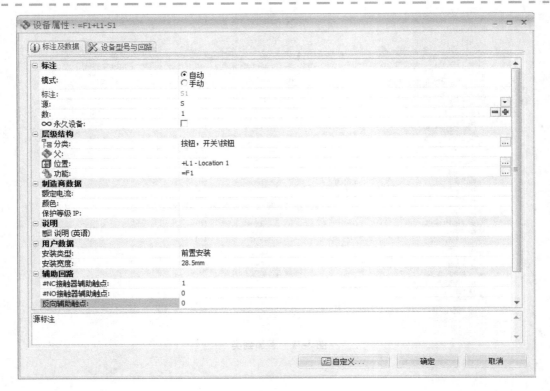

图 3-23　设备属性

步骤 8　基于设备型号创建设备　在设备导航器侧面板中右击"L1-Location 1"，选择【新建】/【设备型号】。选定【信号，告警装置】，查找设备型号 Legrand 003143。

⚠️注意　　如果没有该型号，可以在 Lesson03\Case Study 文件夹找到并解压缩 Legrand 文件。

步骤 9　设备源标识符　右击设备，选择【属性】🛈，在源中输入值"DS"。

3.5.2　回路符号

不同的设备回路可以指定不同的符号。这些符号在原理图中可以作为设备的一部分直接插入。这有助于详细设置之前有规律的计算和创建设备。为设备回路关联符号的另一个优点是减少不正确的关联，例如为线圈关联正确的触点。

步骤 10　分配回路符号　在【回路，端子】中右击"THO-信号告警装置"，选择【分配符号】。选择【信号，告警装置】/【照明】，单击【确定】。单击【添加】➕，将设备型号关联至设备，单击【选择】。单击【确定】，创建设备。

👉提示　　此种方式自动创建的设备会定义为【永久设备】。即使在工程中删除图形符号，永久设备依然会在工程中保存。

步骤 11 插入设备符号 右击设备 " = F1-DS1"，选择【插入符号】⊡，选择【根据制造商的回路选择符号】并插入，如图 3-24 所示。选择回路，单击【确定】，插入符号到线圈的右侧。单击【绘制单线】，连接设备，如图 3-25 所示。

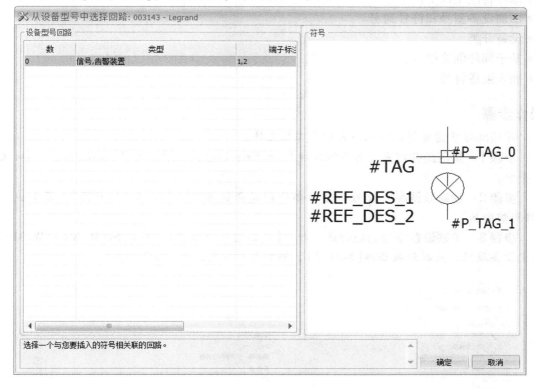

图 3-24 插入设备符号

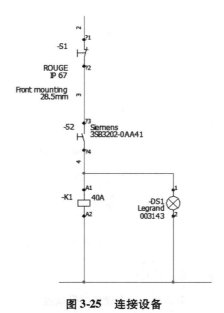

图 3-25 连接设备

练习　数据库及分类管理

本练习将创建设备，使用关联到数据库的设备型号，并插入设备的 2D 布局图符号。

本练习将使用以下技术：

- 添加设备型号和符号到宏。
- 设备分类。
- 基于部件创建设备。
- 插入设备符号。

操作步骤

开始练习前需要解压缩环境并打开工程文件。

步骤1　解压缩并打开　解压缩环境 Start_Exercise_03，文件位于 Lesson03\Exercises 文件夹中。

步骤2　创建数据库　仅为符号和部件创建新数据库，命名为"熔断器"，添加说明"许用熔断器"。

步骤3　关联设备型号到数据库　打开【设备型号管理器】，查找 SIEMENS 3NW7310。改变设备属性，关联到数据库【熔断器】，添加尺寸信息，如图 3-26 所示。

图 3-26　改变设备型号属性

注意　　如果设备型号找不到，可以在 Lesson03\Exercises 文件夹下找到并解压缩 Siemens 文件。

步骤4　创建设备　从部件创建熔断器设备。

步骤5　创建分类的默认 2D 布局图符号　在【设备分类】中，更改熔断器的 2D 布局图符号为"21405LA"，如图 3-27 所示。

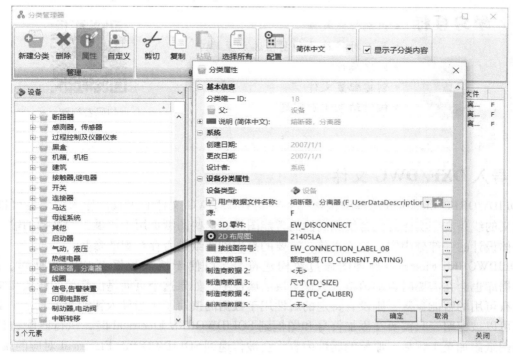

图 3-27　更改默认符号

步骤6　插入设备　打开图纸"01-Electrical Enclosure"，插入设备到"＋L1＋L1－F1"右侧，如图 3-28 所示。

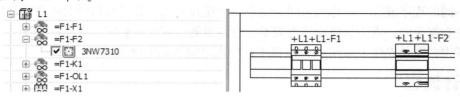

图 3-28　插入设备

第4章　导入 DXF/DWG

学习目标
- 识别智能数据
- 导入时将符号和图框添加至库中
- 匹配属性
- 创建配置文件
- 核对结果识别问题

扫码看视频

4.1　导入 DXF/DWG 文件

　　SOLIDWORKS Electrical 原理图包含一个导入 DXF/DWG 文件的工具。导入的信息可以从包含无意义的线条文字实体到包含块和属性的智能图纸。这些图纸可用于扩展工程文档的输出，或作为整体设计的一部分内容。导入之前，重要的是识别图纸是否存在智能参数。

　　SOLIDWORKS Electrical 原理图通过块构建符号，以便于植入数据至 SQL 数据库。同样，SQL 数据库也会在需要时自动地植入数据至块的属性中。如果这个页面是由简单的线条和文字构成而没有可用的智能参数，则没有特定的属性用于数据的读写了。当导入智能图纸时，一定程度的信息可以被保留，只需要在添加符号和图框到 SOLIDWORKS Electrical 时，执行匹配和替换属性。当图纸添加至工程后，原始的属性内容将会被传递到 SOLIDWORKS Electrical 对应的属性中。该系统需要图纸包含有规律属性结构的块信息。例如，如果两个块均含有属性 ATT1，则其中保存的数据必须是一致的。ATT1 需要匹配单一的程序属性，不同的内容将会导致信息冲突。

　　最后还需要考虑的是，从其他程序导入图纸时，并不会与之前的程序使用相同的操作步骤。通过两种不同的程序或许可以达到相同的结果，但这并不意味着具有相同的特性或操作步骤，这会导致一些数据丢失，因为属性或块可能不会有均等的参数与此对应。

　　在本章中，需要安装 DraftSight，以便于在导入之前预先审核图纸。

4.2　设计流程

　　主要操作步骤如下：

1. 使用 DraftSight 审核图纸　打开即将导入的图纸，确保图纸具备相关的智能参数。

2. 定义图纸类型　设置图纸类型，以便于属性在图纸导入后得到应用。

3. 替换、提取符号和图框　从符号和图框中提取和替换元素。

4. 匹配属性　匹配原有属性至 SOLIDWORKS Electrical 属性中。

5. 保存配置　导入时保存配置，便于将来使用。

6. 审核结果　审核导入的数据，通过手动更改实现图纸智能化。

　　开始学习前，确保 DraftSight 已经正确安装并正常运行。打开 Lesson04 \ Case Study 文件夹，解压缩 LegacyData. zip 文件，访问项目数据。解压缩并打开 Start_Lesson_04. proj. tewzip 文件。

操作步骤

　　步骤1　创建数据库　在数据库中单击【分类管理器】🔗，单击【新建】🗋，输入"遗留符号"。

　　步骤2　解压遗留数据　解压缩 LegacyData. zip，文件位于 Lesson04\Case Study 文件夹中，选择【从这里提取】。

　　步骤3　打开 DraftSight　打开【DraftSight】📐，单击【打开】🗁，浏览到 Lesson04\Case Study\LegacyData 文件夹。

　　步骤4　使用 DraftSight 审核图纸　选择 1. dwg 并单击【打开】，这里会显示目录及图框，如图 4-1 所示。选择 2. dwg，单击【打开】，将显示两个电动机可逆启动回路电路图，如图 4-2 所示。

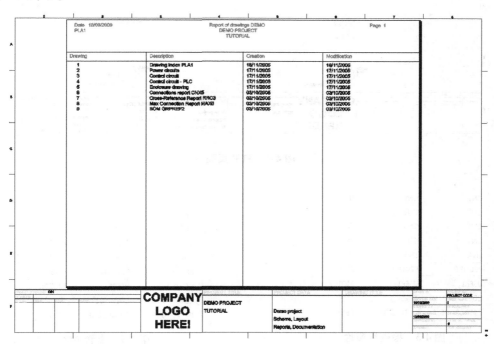

图 4-1　审核图纸

 提示　在 SOLIDWORKS Electrical 中，可以基于项目数据自动生成报表，原理图可以被认为是唯一的信息来源，如果要进一步开发项目，则必须替换为标准报表。

　　步骤5　检查块属性的一致性　双击电动机"-M1"检查块属性内容，如图 4-3 所示。单击【确定】。重复以上步骤查看电动机"-M2"，如图 4-4 所示。单击【确定】。

　　步骤6　识别可复用文件内容　使用相同的步骤打开其他文件，查看文件内容。

思考　在导入过程中可以查看文件缩略图，那为什么要建议在 DraftSight 中打开查看？

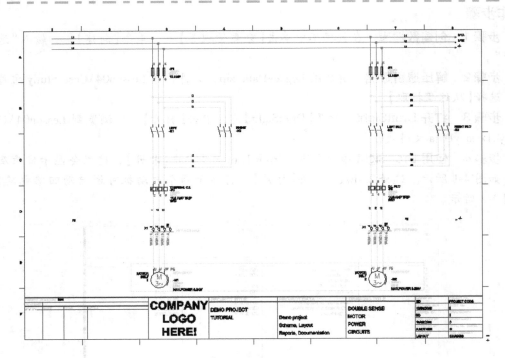

图 4-2 打开页面

CN1	CN1	U
CN2	CN2	V
CN3	CN3	W
CN4	CN4	PE
SNA	SNA	-M1
RECORD	RECORD	0016
USER1	USER1	MOTOR
CDESC_B1	CDESC_B1	
CATALOGUE	CATALOGUE	DEMO

图 4-3 检查块属性

CN1	CN1	U
CN2	CN2	V
CN3	CN3	W
CN4	CN4	PE
SNA	SNA	-M2
RECORD	RECORD	0016
USER1	USER1	MOTOR
CDESC_B1	CDESC_B1	
CATALOGUE	CATALOGUE	DEMO

图 4-4 查看-M2

文件内容如下：

- 3. dwg：Scheme control drawing。
- 4. dwg：PLC control drawing。
- 5. dwg：2D General arrangement layout。
- 9. dwg：BOM drawing report。

步骤7 关闭 DraftSight 单击【关闭】，退出 DraftSight。如果提示是否保存图纸，单击【取消】。

步骤8 打开工程 Start Lesson 2 工程必须处于打开状态，如果没有，可单击【工程管理器】/【打开】。

步骤9 导入文件的文件夹 在【导入/导出】选项卡中，单击【导入 DWG 文件】 命令。在【导入文件】对话框中单击【文件夹】 图标，浏览到文件夹 Lesson04 \ Case Study \ LegacyData，单击【选择文件夹】。

注意　　　所有目标文件夹中的 DXF 和 DWG 文件都将自动进入导入过程。

步骤 10　导入配置　从【导入配置】下拉菜单中选择"Electrical Designer 导入"（Electrical_Designer_ImportConfig），如图 4-5 所示。单击【向后】。

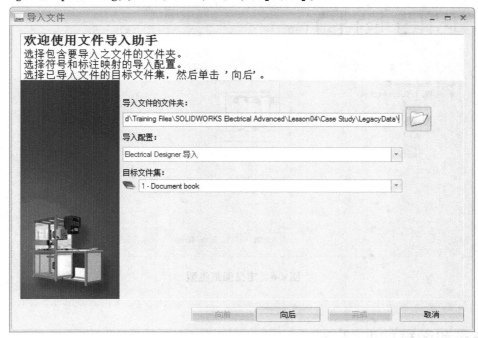

图 4-5　导入配置

4.3　文件定义

SOLIDWORKS Electrical 中的图纸类型具有不同的命令有效性及处理方式。将关联导入相关文件类型可缩短处理时间，当需要修改图纸内容时，要确保命令的有效性。在【定义要导入的文件类型】中列出了目标文件夹中所有的 DXF/DWG 文件，所有的图纸默认为原理图图纸类型。如果需要更改文件类型，可参考以下说明：

- 封面。
- 原理图。
- 布线方框图。
- 混合图。
- 附件。

步骤 11　定义文件类型　选择图纸 1、5 和 9，单击【附件】，设置图纸类型，如图 4-6 所示。单击【向后】继续执行。

注意　　　使用这种方式时，2D 机柜布局图不可用，因为无法关联图纸中的项目文件，因此需要在原理图中重新创建 2D 机柜布局图或者 3D 装配体。

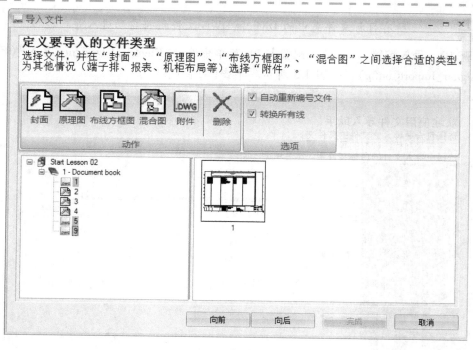

图 4-6　定义图纸类型

4.4　符号和图框的匹配

　　此过程允许用户设定图纸中的块，多余的或者不用的块可以删除，用户需要单独手动定义或删除块。常用的符号允许替换，所以如果图纸中包含了 IEC 或 ANSI 熔断器，可以选择软件中的相关符号进行替换。图框也可以用相同的方式进行替换，不同之处在于图框和符号替换时涉及的管理器不同，这是因为符号和图框本身具有各自独立的管理器。

　　符号和图框无匹配说明或用户希望添加工程符号时，可以从图纸中提取。这些提取的符号及图框可以直接添加，不需要中断导入过程。有些块不清楚作用或者不需要在工程中定义属性参数，也可以保留在导入的工程中，只需要将其保留为【未定义】。此方式将保留块的原始格式，包括属性和参数值等，以便后期删除或创建为符号。

　　步骤 12　删除符号　选择前 3 个列出的对象，单击【删除】，如图 4-7 所示。对 AVE_GLOBAL、AVE_RENDER、CDESC 和 ERR_CNX 重复此操作。

　　步骤 13　替换符号　选择 MOTOR3P，单击【符号】，打开【符号选择器】。选择马达分类中的"三项交流电动机，3 端子"，单击【选择】。

　　根据如下列表，重复以上操作进行替换。

- KLEMM：端子［TR-BR001］。
- KONT3：三极电源触点［TR-EL003］。
- KONTO-2122：常闭延时触点［TR-EL061］。
- KONTS：常开延时触点［TR-EL057］。

44

图 4-7　删除符号

- KONTS-1314：常开延时触点［TR-EL057］。
- RELFREE：瞬时继电器线圈［TR-EL053］。
- SICH3PH：三极熔断器［TR-EL043］。

步骤 14　将选定块导入库　选择以下块，单击【将选定块导入库中】，将压缩文件保存至 Lesson04\Case Study\LegacyData 中，将文件命名为"SYMBOLS. zip"，单击【保存】。

- TADRUK2S。
- TADRUKOS。
- TASTERO。
- THS31S1。

步骤 15　导入已选块　当提示导入已选块后，单击【作为符号】，启动【符号导入】向导。单击【向后】，确保导入配置文件设置的是 Electrical_Designer_ImportConfig-Electrical Designer 导入，单击【向后】。

> 提示🖐　通过默认 zip 文件可以保存已选择的符号。

步骤 16　导入新符号　全选所有符号，设置数据库为【Legacy Symbols】，如图 4-8 所示。右击"TADRUK2S"，选择【属性】，在分类栏单击【...】，选择【按钮，开关】，单击【选择】。在说明中添加"NO PB"，单击【确定】。单击【向后】，继续执行。

Add	▼	TADRUK2S	Imperial	▼	Unclassed elements...	Legacy Symbols	▼
Add	▼	TADRUKOS	Imperial	▼	Unclassed elements...	Legacy Symbols	▼
Add	▼	TASTERO	Imperial	▼	Unclassed elements...	Legacy Symbols	▼
Add	▼	THS31S1	Imperial	▼	Unclassed elements...	Legacy Symbols	▼

图 4-8　导入新符号

4.5　转换属性

　　属性内容可以从遗留块匹配到项目符号，这可以通过用 SOLIDWORKS Electrical 中的等效项替换遗留属性来实现。重要的是，为了能够正确地将一个属性匹配到另一个属性，需要同时了解遗留块及 SOLIDWORKS Electrical 的属性结构。能够识别无用的属性也很重要，因为这些属性可以直接从块中删除。通过此种方式可以节约大量的时间，因为这样用户就不用单独手动打开和删除符号的多余属性了。

　　步骤 17　转换属性　多选属性 CABLE_A1 ~ CABLE_B2，选择【删除】。重复操作，将 CDESC_A1 ~ CDESC_B2 同样删除。并将 CATALOGUE 和 RECORD 切换到如图 4-9 所示的属性，单击【向后】。

图 4-9　转换属性

4.6　配置文件

　　在导入 DXF/DWG 文件时，分别导入符号和图框是很有必要的，以便在一次操作中总共可以执行三个导入过程。

　　在导入过程中，通过选项设置替换、删除、保留块或属性，最后保存完成定义的图纸、符号和图框。可以将配置保存到当前已选择的配置文件，或者用户可以自定义一个具有新名称及说明的配置，如图 4-10 所示。这些配置文件可以在下次导入时使用。特别是导入数据很庞大时，此方式可以节约大量的时间，因为此时设置的配置以后可以直接使用。

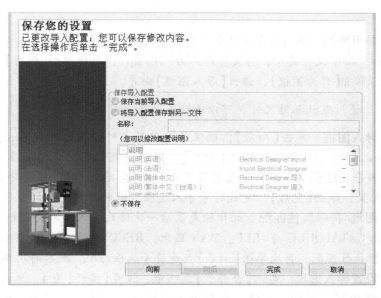

图 4-10　保存配置文件

步骤 18　保存设置　将【保存导入配置】设置为【保存当前导入配置】，单击【完成】以完成符号导入过程，并返回到 DXF/DWG 导入。

提示　完成符号导入后，这些被加入到工程中的符号将更新相应的图标。这表明这些符号现在存在于工程中并将替换原有的块，如图 4-11 所示。

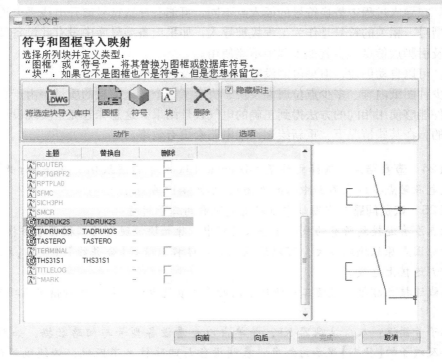

图 4-11　替换原有的块

步骤 19　导出图框　选择 TITLELOG，单击【将选定块导入库中】，保存压缩文件到 Lesson04\Case Study 文件夹中，将文件命名为"TB. zip"，然后单击【保存】。当系统提示导入已选块时，单击【作为图框】，弹出【导入图框】向导。

> **提示** 通过默认压缩文件，可以选择已保存的图框。

步骤 20　导入图框　单击【向后】，确保导入配置文件设置为 Electrical_Designer_ImportConfig-Electrical Designer 导入，单击【向后】。保留图框说明、分类和库为空数据，单击【向后】，返回导入过程。保留转换属性设置，单击【向后】。保留保存导入配置设置来保存当前导入配置，单击【完成】，完成符号导入过程，返回到 DXF/DWG 导入。

步骤 21　图框/符号属性匹配　此步骤是最后一次修改导入工程的图框及符号匹配关系的机会。确保 CATALOGUE 与 #REF_ MAN 匹配，RECORD 与 #REF_ TAG 匹配。单击【向后】查看图框属性匹配，再次单击【向后】查看符号属性匹配，之后再次单击【向后】。

步骤 22　设置导入选项　勾选【合并线】复选框，设置【偏移】为 4，单击【向后】。

步骤 23　保存配置及导入文件　保留导入配置设置，保存当前导入文件，单击【完成】，完成导入过程。

4.7　检查结果

必须对已经导入的图纸进行检查，不但要确保智能属性的保留情况，也要保证更改部分与图纸要求一致。在导入图纸过程中常见的问题如下：

- 符号。在导入过程中替换符号的插入点不同，可能会导致符号离开电线丢失连接点。
- 设备型号。相关的符号是作为工程级被导入，如果设备型号库中没有此设备型号，则它们将没有回路及引脚点信息，在其他工程中不能使用。
- 电线。可以自动创建，但是可能没有相关布线及规则信息。

匹配多少种图纸内容、多少点位属性及块，决定了整个导入信息的质量。由于数据丢失是常态，没有软件能够使用相同的方法得到正确的电气设计结果。这意味着完全实现设计所需的时间是很难估计的，在某些情况下，重新绘制详细电路会更有效率。

步骤 24　查看结果　选择文件集 1-Document book 中的图纸 02，单击【打开】，缩放到 3 极电源触点-K1（在页面中心的左侧），如图 4-12 所示。

步骤 25　识别问题　在图纸中可以清楚地看到三个问题：

- 触点没有连接到所有的线：在导入过程中，原始块被现有的工程符号替换。电线未连接上的原因是原始块比较大，可以通过在导入过程中选择【合并线】或使用【拉伸】进行调整，重新连接上电线。
- 电线连接点翻倍：遗留工程使用不同的系统表达电线连接，这种情况需要删除遗留连接点。
- 端子号错误：双击接触器-K1，并单击以查看设备型号与回路数据，如图 4-13 所示。回路及端子的【状态】显示为红色，表明设备与回路信息不匹配，必须编辑设备并添加适当的回路和端子号。

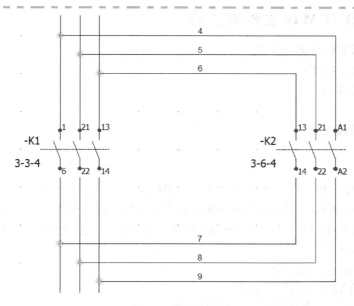

图 4-12 查看结果

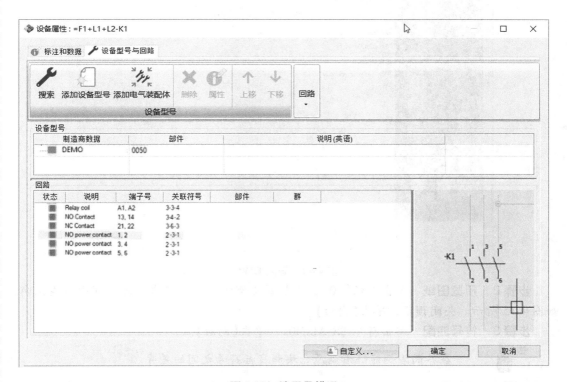

图 4-13 端子号错误

步骤 26 检查界面参数 右击接触器-K1 的交叉引用 3-3-4，从快捷菜单中选择【转至】/【3-3-4（瞬时继电器线圈）】。右击连接继电器-K1 和灯-H1 之间的电线，单击【电线样式】/【属性】 ➦。一种新的线型已经被自动创建，当然很多参数设置是空的，需要自行设置。单击【确定】。

练习　导入 DXF/DWG 文件至工程

本练习将把遗留文件导入至工程。

本练习将使用以下技术：

- 导入文件的文件夹。
- 导入配置。
- 保存配置及导入文件。

操作步骤

开始本练习前，解压并打开 Start_Exercise_04. proj，文件位于 Lesson04\Exercises 中。

步骤1　导入 DWG　单击【导入 DWG 文件】，选择 Lesson04\Exercises 文件夹及 TraceElecPro 导入(TraceElecPro_ImportConfig) 配置。单击【向后】，如图 4-14 所示。

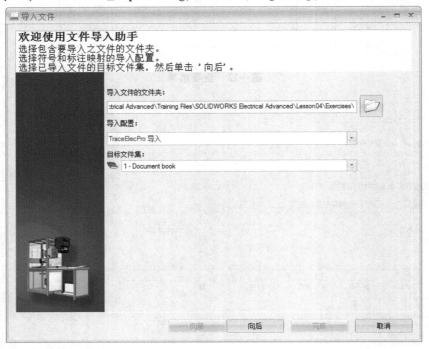

图 4-14　导入 DWG

步骤2　预览图纸　单击图纸"10"，在屏幕右侧缩略图处双击，缩放到图纸左上角，如图 4-15 所示。关闭预览，单击【向后】。

步骤3　符号匹配　单击符号 TR-ALIM01，单击【向后】。

> 提示 　在界面右侧能够看到原始块和目标符号之间的差异。

步骤4　替换图框　单击 FDPTMP 和【图框】，将其替换为 A3 5 行 10 列(中文标题) [TR_FDP_BASEA3_5L_10C_EN]，单击【向后】。

步骤5　图框/符号属性匹配　单击【向后】两次，保留默认属性匹配。

步骤6　合并线　勾选【合并线】复选框，设置【偏移】为 5，单击【向后】，单击【完成】导入图纸。

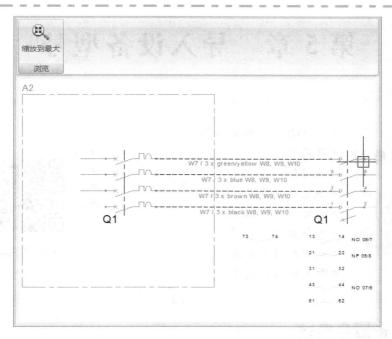

图 4-15　预览图纸

步骤 7　查看导入图纸　打开图纸"10"，使用标准工具查看图纸内容，如图 4-16 所示。

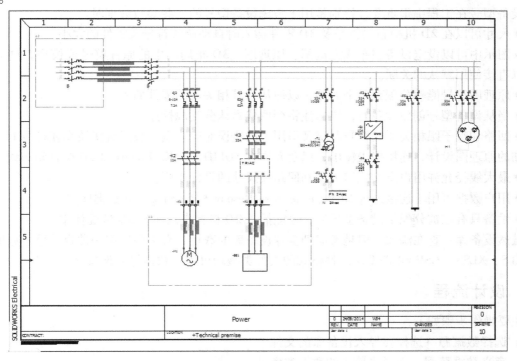

图 4-16　查看导入图纸

第5章 导入设备型号

扫码看视频

5.1 导入设备型号概述

SOLIDWORKS Electrical 有几十万个设备型号数据，但全球有数百万的设备型号，很多公司只想使用首选或批准的设备型号。同一行业的公司可能更愿意选择与其所在地区有长期合作关系的小型制造商，来降低延迟交货的概率。

设备型号在工程中很重要，特别是用于考虑设备型号的一些参数数据时。

- 尺寸可以在 2D 机柜布局符号及 3D 零件插入时自动调整符号及零件的大小。
- 图示中可以设定设备在布线方框图、原理图、3D 布局图中的原件符号或模型，创建零件时可以直接使用默认的关联。
- 原理图符号能够分配到单个回路，以便从与其相关联的零件插入。
- 当从设备型号创建设备时，源标注将会取代默认分类源标注。
- 回路和端子跟相关联的符号及交叉引用中的错误对应。端子数据直接填充在符号上，以改进详细的原理图设计，连接报表输出，以及允许在 SOLIDWORKS Electrical 3D 中自动布线。
- 最大线径允许用户定义能够关联到回路线尺寸的设计规则。
- 用户数据可用于连接外部 ERP（Enterprise Resource Planning）和数据库。
- 设备只有在被分配了设备型号后，才能插入 2D 机柜布局图及 3D 装配体中。

虽然设备库一直在添加，但是考虑到全球设备库的数量，有必要使用一种容易导入数据的工具。XLS、XLSX、CSV 和 TXT 这四种格式的文件类型均可以将数据导入设备库。

5.2 设计流程

主要操作步骤如下：

1. **选择数据源** 选择要导入设备库的文件。
2. **定义数据范围** 选择要导入的数据类型。
3. **属性匹配** 从外部文件中定义 SOLIDWORKS Electrical 域。
4. **增加数据导入步骤** 从外部文件中附加第二个表以改进输入数据。

5. **比较**　在导入前将数据与数据库中已有数据进行比较。

6. **导入**　导入外部数据到 SQL 数据库。

7. **结果**　检查结果。

操作步骤

将外部文件数据导入到 SOLIDWORKS Electrical SQL 数据库中。

步骤1　启动 SOLIDWORKS Electrical　启动【SOLIDWORKS Electrical Schematic】。

步骤2　导入设备型号管理器　在【数据库】选项卡中单击【设备型号管理器】，在管理器中单击【导入】。

步骤3　选择数据源　单击【从 Excel 文件导入】，浏览到 Lesson05\Case Study 文件夹，选择 PHOENIX-QUINT. xlsx 文件，如图 5-1 所示。勾选【在导入配置中保存】复选框，单击【向后】。

图 5-1　选择数据源

步骤4　定义数据范围　单击【设备型号/电气装配体】数据类型，单击【向后】。

注意　　　　只有通过设备型号管理器进行导入过程，参考信息才是有效的。例如，通过数据范围及步骤能够识别各类 XLS 表格内容。

5.2.1　标题行

导入文件时正确使用标题行可以极大地改善导入数据。在导入过程中，任何原有标题行中的定义都将不予考虑，所以如果技术数据包含在文档的末尾，则可以通过增加标题行来省略其前面的内容。用户可以选择标题行的显示选项，通过这些选项可以定义相应列的内容，此类信息可以帮助与 SOLIDWORKS Electrical 中相关的域进行列匹配。

步骤5 设置标题行 更改标题行数，将要显示的标题行设置为"5"，单击【向后】。

步骤6 定义域 从对话框左侧拖曳部件相应的域到右侧面板的标题栏下，如图 5-2 所示，单击【向后】。

- 设备型号：pn。
- 制造商数据：blank header。
- 说明：mfg description。
- 值1：out volts。
- 值2：out current。
- 值3：operational temp。
- 值4：current rating。
- 工作电压：in volts。
- 工作频率：AC Freq rng（column 8）。
- 控制电压：Out Voltage。
- 控制频率：AC Freq rng（column 9）。
- 辅助类型：MODEL。

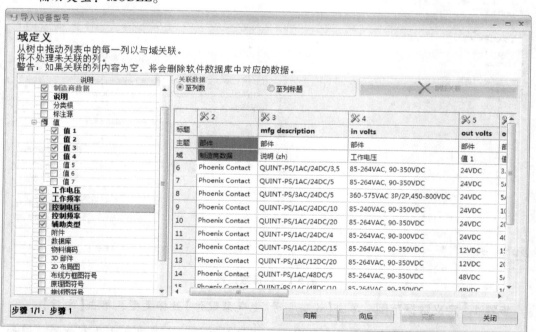

图 5-2 定义域

> **提示** 如果域的匹配不正确，可选择任意行的内容，单击【删除关联】以删除相关域的匹配。

步骤7 增加数据导入步骤 单击【增加数据导入步骤】，单击【确定】。更改【数据范围】为【Sheet2】，单击【向后】。更改标题行数，将要显示的标题行设置为"1"，单击【向后】。表格中匹配的域设置如下：

- 设备型号：pn。
- 制造商数据：blank header。
- 宽：Width(单位 mm)。
- 高：Height(单位 mm)。
- 深：Depth(单位 mm)。

单击【向后】。

5.2.2　数据比较

在将数据导入数据库之前，需要先将导入的数据与数据库中已有的数据进行比较。比较后能够统计出将要新建的对象和修改的对象的信息。导入的信息会根据步骤的定义将每个步骤的信息单独说明比对。如果已经存在设备数据库，信息中将标记出具体修改的设备型号数据。

步骤8　数据比较　单击【比较】按钮，生成比对信息，如图5-3所示。

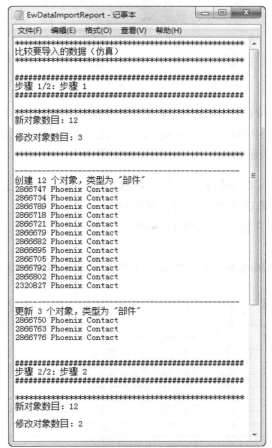

图5-3　数据比较

步骤9　导入配置　单击【导入】，然后单击【将设置保存到导入配置】。按图5-4所示添加配置。单击【确定】。

图 5-4　导入配置

步骤 10　查看数据　单击【****未分类元素****】分类，选择"Phoenix Contact"并单击【查找】。选择设备型号"2320827"，单击【属性】。单击【确定】，返回管理器。

注意　　XLSX 中的数据已经被导入，但是设备的回路及端子信息没有通过这种方式导入。

5.2.3　数据管理器

数据管理器是为 SOLIDWORKS Electrical 独立开发的应用程序，可以将 XLS 格式文件自动转换为能够在设备型号管理器中解压缩的 tewzip 文件。此系统有很多优点，除了能像上面一样导入设备型号数据以外，还可以额外导入 XLS 中设备的回路及端子数据。

步骤 11　删除设备　打开【设备型号管理器】，【筛选】型号 LRD08。如果查找到该设备，则选择【删除】；如果设备没有找到，则继续下一步。

步骤 12　打开 XLS 文件　浏览到 Lesson05\Case Study 文件夹，打开 Schneider Electric LRD08.xls。

步骤 13　定义回路和端子　单击"Pins"工作表，添加信息，如图 5-5 所示。

	A	B	C	D	E
1	Reference	Circuit Type	Group No	Circuit No	Pin Number
2	LRD08	Coil		0	A1
3	LRD08	Coil		0	A2
4	LRD08	NO power contact		1	1
5	LRD08	NO power contact		1	2
6	LRD08	NO power contact		2	3
7	LRD08	NO power contact		2	4
8	LRD08	NO power contact		3	5
9	LRD08	NO power contact		3	6
10	LRD08	NO contact		4	13
11	LRD08	NO contact		4	14
12	LRD08	NO contact		5	23
13	LRD08	NO contact		5	24
14	LRD08	NO contact		6	33
15	LRD08	NO contact		6	34

图 5-5　定义回路和端子

注意　　设备型号(零件编号)的定义关联了回路和端子的信息,该方式可以实现多个设备同时操作。

步骤14　运行数据管理器　保存 XLS 文件到 Lesson05\Case Study\DataManager\Origin 文件夹内。浏览到 Lesson05\Case Study\DataManager\bin 文件夹,运行 EwDataManagerApp. exe 🏠。

提示　　一旦数据管理器运行,一个名为 Success 的新文件夹将会被创建,XLS 文件将被自动移动到这个新位置。

步骤15　定义源文件夹和目标文件夹　设置【Origin folder】为 Lesson05\Case Study\DataManager\Origin。设置【Destination folder】为 Lesson05\Case Study\DataManager\Destination,如图 5-6 所示。单击【Execute】和【Quit】。

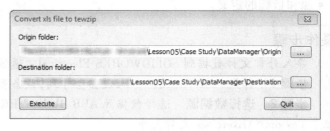

图5-6　定义源文件夹和目标文件夹

步骤16　压缩目标文件　切换到 SOLIDWORKS Electrical,单击【设备型号管理器】。单击【解压缩】,浏览到 Lesson05\Case Study\DataManager\Destination 文件夹,选择 Schneider Electric LRD08. part 并单击【打开】。单击【向后】,查看更改内容。单击【完成】,解压缩文件。

注意　　SCHNEIDER ELECTRIC 制造商必须被设定为【更新】。

步骤17　检查结果　单击【完成】,在筛选导航器中查找设备型号 LRD08。查找到型号后单击【属性】。查看设备的相关分类、说明、尺寸、回路、端子,如图 5-7 所示。

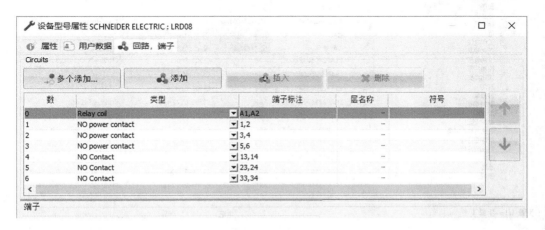

图5-7　检查结果

回路号、类型及端子标注已经被成功导入,数据从 XLS 文件中导入到 SQL 数据库中。

练习　从外部文件导入设备型号

本练习将使用以下技术：

- 设备型号管理器导入。
- 选择数据源。
- 定义数据范围。
- 标题行。
- 域定义。
- 数据管理器。
- 源和目标的定义。

操作步骤

导入外部文件数据到 SOLIDWORKS Electrical，通过数据管理器更新导入信息。

步骤1　导入　从外部文件导入设备型号到【设备型号管理器】。

步骤2　选择数据源　选择数据源 ABB BUS INTERFACE MODULES AC500. xlsx，文件位于 Lesson05\Exercises 文件夹中。

步骤3　定义数据范围/标题行　指定设备数据范围，设定标题行为"1"。

步骤4　域匹配　定义域匹配，如图 5-8 所示。

图 5-8　域匹配

步骤5　添加数据范围　从文件中添加数据范围【Sheet1】，如图 5-9 所示。

图 5-9　添加数据范围

步骤6　比较和导入　将要导入的数据与数据库中存在的数据做【比较】。

步骤7　查看设备　在【****未分类元素****】分类中查找【ABB】，删除设备型号 1SAP221500R0001。

步骤8　运行数据管理器　启动 EwDataManagerApp. exe，文件位于 Lesson05 \ Exercises \ DataManager \ Bin 文件夹内。指定源和目标文件夹，如图 5-10 所示。单击【Execute】，创建目标压缩文件。

步骤9　解压缩　解压缩新创建的 tewzip 文件，位于 Lesson05 \ Exercises \ DataManager \ Destination 文件夹内。确保更新导航器中已设置 ABB 数据更新。

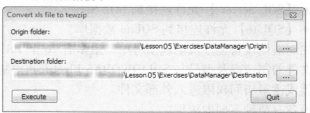

图 5-10　指定源和目标文件夹

图 5-11　检查设备修改

步骤10　检查设备修改　在【PLC】分类中更改查找条件为制造商【ABB】，查看 1SAP220600R0001 的【属性】。

注意　尺寸数据已经应用在设备型号上，分类也已经更改。24 个回路被创建，包含了物理地址等信息，如图 5-11 所示。

59

第 6 章　ERP 数据库连接

 学习目标
- 授权 ERP 连接
- 连接 ERP
- 解决连接问题
- 修改 ERP 数据
- 修改设备型号
- 填入工程级数据

扫码看视频

6.1　ERP 数据库连接概述

连接外部数据库信息来补充程序中现有的设备型号数据是十分必要的。有两种方式可以连接 ERP 数据库：

- 【SQL Server】允许连接到 SQL Server。
- 【SQLite】允许连接到 SQLite 数据库。

在制造商设备型号及电缆型号中，最多有 20 个 ERP 域能够映射到用户域中。该连接通过将外部文件的制造商及型号与 SOLIDWORKS Electrical 中制造商及型号相关联而形成。可能需要定义只读或读写访问权限进入外部文件。

设备有两种不同的级别：

- 应用级设备可以通过设备型号管理器或电缆管理器进入。
- 工程级设备型号已经分配给设备。

如果设备型号已经分配给了工程设备，则不论是否更改了 ERP 数据，数据将一直保留，除非用户选择了【更新数据】。当设备型号在工程中预定和使用时，有助于维护数据的一致性。最多能在不同的 ERP 数据库中创建 4 个自定义连接。

6.2　设计流程

主要操作步骤如下：

1. **连接 ERP 数据库**　连接 SQLite 数据库。
2. **测试连接**　核查 ERP 数据库、域设置，更正所有问题。
3. **匹配 ERP 及程序文件**　通过映射数据库域更正连接问题。
4. **自定义设备域**　更改用户域提示以提供相关性。
5. **检查应用设备**　将应用设备数据与 ERP 数据做比较。
6. **运行更新数据**　使用【更新数据】更新工程级数据。

操作步骤

开始本课程前，必须解压缩 Start_Lesson_06. proj，文件位于 Lesson06 \ Case Study 文件夹内。识别并解决常见的 ERP 连接问题，编辑 ERP 数据库并自定义程序 UI，以显示相关域提示。从 SOLIDWORKS Electrical 和过程数据向 ERP 提供更改，以更新应用零部件。

知识卡片	ERP 数据库连接	• 命令管理器：【数据库】/【ERP 数据库连接】。

步骤 1　打开原理图页面　双击图纸“04-Control”。

步骤 2　ERP 数据库连接　在【数据库】选项卡中单击【ERP 数据库连接】。

6.3　ERP 连接

在创建连接前，需要勾选【允许连接以管理数据库】复选框，如图 6-1 所示。默认 SOLIDWORKS Electrical SQLite 数据库地址为 C:\ProgramData\SOLIDWORKS Electrical\ErpDatabase 文件夹，该位置可以在安装软件时调整。另有其他 4 个连接可以使用，能够配置连接不同的数据库。连接、域映射、数据库位置、用户名及密码被保存在 C:\ProgramData\SOLIDWORKS Electrical\ErpDatabase 文件夹的 ewini 中。

图 6-1　选择允许连接

提示：如果文件未显示，激活一个 ERP 连接将会自动创建一个 ewini 文件。

6.3.1　数据库连接

该选项允许用户定义数据库连接、服务器名称、与 SQL Server 建立连接的位置、用户名和密码，如图 6-2 所示。

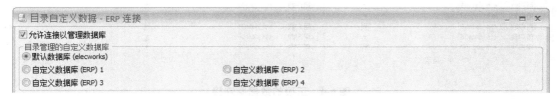

图 6-2　数据库连接

数据库默认在 C:\ProgramData\SOLIDWORKS Electrical\ErpDatabase 文件夹内。如果需要调整为其他位置，必须填写数据库路径、数据库名称和文件扩展类型。连接可以根据需要设置为只读或读写权限。【测试连接】用于检查数据库的连接、表及域的匹配是否存在错误。

6.3.2　主要数据

通过主要数据选项可以定义制造商零件及电缆型号的表和域，如图 6-3 所示。

图 6-3　主要数据

提示　　有单独的表用于储存混合电缆和设备型号数据，因为连接是基于唯一的制造商设备型号创建的。

6.3.3　用户数据

针对 ERP 关联域，用户数据列出了现有的 SOLIDWORKS Electrical 用户数据说明。【自定义】选项允许用户根据 ERP 域的关联菜单来定义用户属性分类及说明。

提示　　正确的数据库连接，可以访问下拉菜单中关联域的 ERP 表。ERP 的域能够被映射到任何用户属性内，如图 6-4 所示。

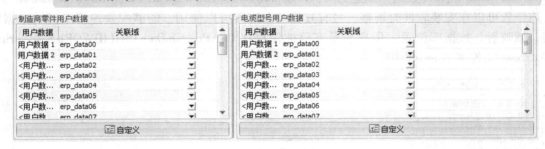

图 6-4　正确的数据库连接

步骤 3　定义连接　勾选【允许连接以管理数据库】复选框，选择【自定义数据库(ERP)1】，定义 ERP 连接信息，如图 6-5 所示。

步骤 4　创建数据库连接　设置【数据库类型】为【SQLite 连接】，输入完整的路径名称。数据库名为 ERP_Parts_Data. sqlite，位于 Lesson06\Case Study 文件夹内，如图 6-6 所示。

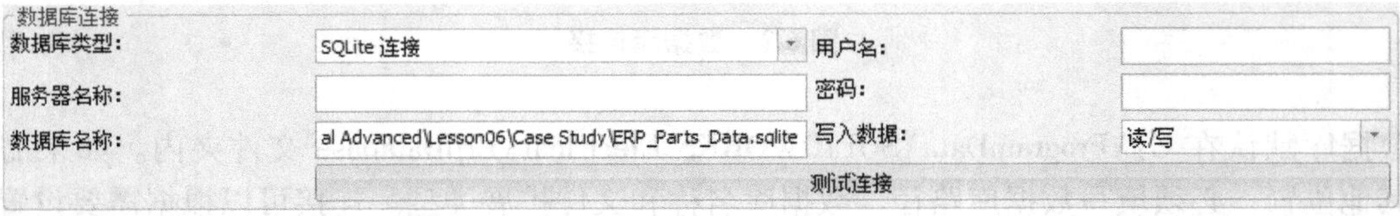

图 6-5　定义连接

图 6-6　创建数据库连接

步骤5　测试连接　单击【测试连接】，单击【是】，测试连接的表格和域。在两个错误信息上单击【确定】，指出 tew_erpcatalog 和 tew_erpcable 表格不存在。

注意　如果提示连接不成功，则表明数据库类型、路径或者用户名填写不正确。

步骤6　测试错误　打开 Lesson06 \ Case Study 文件夹中的 ERP_Parts_Data. sqlite 文件。在【浏览数据】选项中选择 Part 表。

提示　为了解决连接错误，必须更改表名称、型号和制造商域，以匹配 SQLite 表及文件名称。

在 SOLIDWORKS Electrical 中更改主要数据设置，如图 6-7 所示。单击【测试连接】，单击【是】，测试表格和域。在提示上单击【确定】，提示显示数据域 erp_data00 不存在且域名中无错误。

图 6-7　更改主要数据设置

步骤7　用户数据映射　更改【关联域】以匹配数据库域，如图 6-8 所示。单击【测试连接】，当提示测试表格和域时，单击【确定】。当提示域名中无错误时，单击【确定】。

图 6-8　用户数据映射

6.4　自定义用户数据

用户数据可以根据数据类型进行自定义。除了多个语言域外，最多可以添加 20 个用户属性。用户数据可以整合到关联选项中以清空选项。

提示　用户属性不需要出现在符号中，因为应用的数据保存在 SQL 数据库中。

⚠️ **注意**　　在更改或向用户属性中输入值时，应在选择一个用户属性前单击另外的属性字段，以确保信息被写入 SQL 数据库。

步骤8　自定义用户属性　在【制造商零件用户数据】下单击【自定义】🖼，更改用户数据组，如图 6-9 所示。重复以上操作，更改 User data1 及 User data2 的值，如图 6-10 所示。

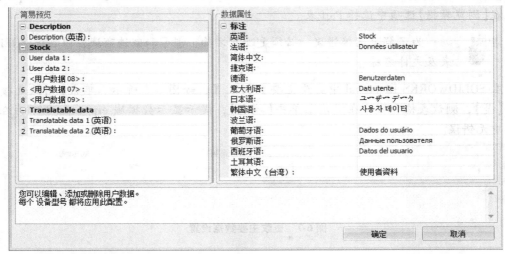

图 6-9　自定义用户属性

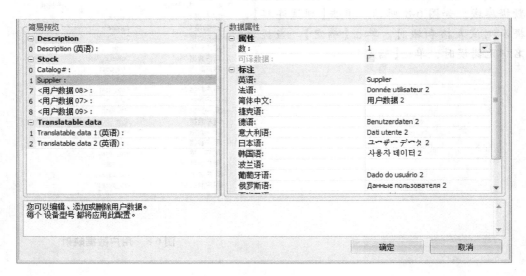

图 6-10　更改用户数据

步骤9　添加用户域　选择＜用户数据 08＞，更改值为"2"，英文标注改为"Stock #"。使用相同操作设置如下数据，如图 6-11 所示。

步骤10　创建新用户群　单击可译数据群，单击【插入群】🖼。输入如图 6-12 所示标注，单击【确定】，创建一个新的群。选择新创建的群 Cost，单击【插入用户数据】🖼，然后输入如图 6-13 所示的标注，单击【确定】。

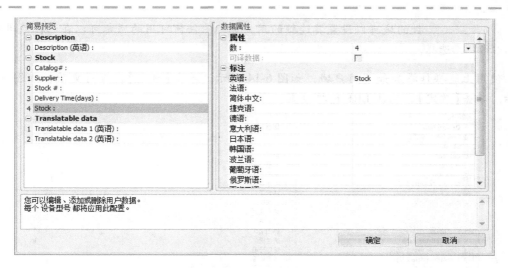

图 6-11　添加用户域

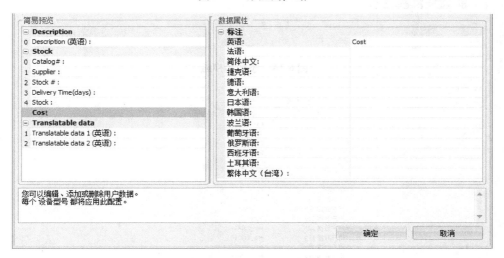

图 6-12　创建新用户群

图 6-13　创建说明

> **注意** 数的域可以设置其连接的用户属性，任何可用的域都可以在下拉菜单中选择。

使用上述操作添加如下用户域，如图 6-14 所示。单击【确定】，保存更改，如图 6-15 所示。单击【确定】，确认 ERP 连接设置。

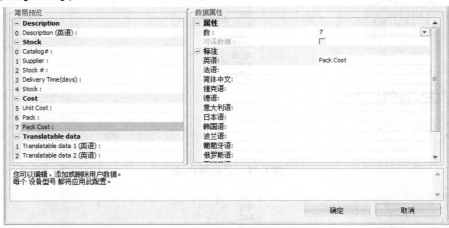

图 6-14 添加用户域

图 6-15 设置用户域

> **注意** 离开 ERP 连接对话框前需单击【确定】，如果不单击【确定】，设置可能会取消。

步骤 11 定义设备型号用户数据 打开图纸"04-Control"，双击常开按钮"＋L1＋L2－S1"进入【设备属性】。

在图 6-16 所示【设备型号与回路】选项卡中，选择 Legrand 004463，单击【属性】。单击【自定义】，选择可译数据群。使用相同的操作，单击【插入群】和【插入用户数据】，创建一个新的群及域，如图 6-17 所示。单击 3 次【确定】确认更改，返回到图纸。

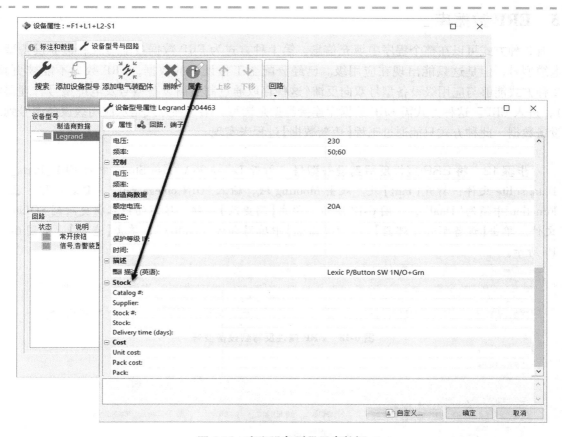

图 6-16　定义设备型号用户数据

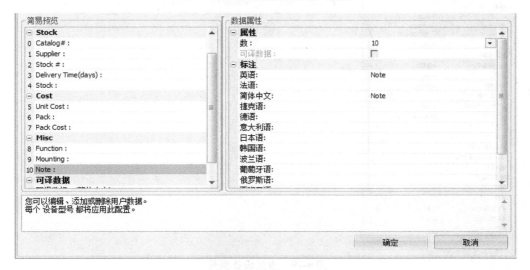

图 6-17　创建新的群

　此处的添加将自动写入 ERP 用户数据映射中。

6.5 ERP 数据库

有 3 种方式可以在整个程序中填充信息。第 1 种方式为 ERP 数据自动写入制造商设备型号及电缆型号，但是这只能出现在应用级。已经分配至工程设备的数据，ERP 数据不能被更新。第 2 种方式能够与应用级设备型号双向反馈(这些存取通过制造商设备型号及电缆型号管理器实现)，进入 ERP。这种方式需 ERP 数据库连接类型是读写。第 3 种方式是从应用级设备型号到工程设备数据。此种方式只能通过工程【更新数据】过程来实现。

步骤 12 将 ERP 属性反写到设备型号 打开 Lesson06 \ Case Study 中的 ERP_Parts_Data. sqlite 文件，打开【Part】表。双击 Mouting 域，输入"DIN omega rail"。重复操作，在 Function 中填写"Dual"，如图 6-18 所示。单击【写更改】按钮，填写的内容将更改到 SQLite 文件。单击【设备型号管理器】🔧，在【筛选】中填写部件"004463"，单击【查找】，如图 6-19 所示。

图 6-18 ERP 属性反写到设备型号

图 6-19 查找设备型号

选择设备型号，单击【属性】，查看 ERP 数据更改写入到了应用，如图 6-20 所示。单击【确定】和【关闭】，退出管理器。

步骤 13 工程设备 在图纸"04"中双击常开按钮"＋L1＋L2－S1"。使用上面的方法，【编辑】Legrand 004463。单击两次【确定】，返回图纸。

图 6-20　设备属性

6.6　更新数据

有两种方法可以用来将 ERP 数据填入现存的项目零件。

- 删除分配到设备的设备型号并重新应用。
- 运行【更新数据】。

【更新数据】可以将整个工程的设备型号及电缆型号、符号或图框一起更新。此过程能够比较工程级和应用级数据，并显示不一致之处。可以选择要包括在过程中或从过程中排除的数据类型。每种数据类型都显示一个实体列表，其中包括基于工程-应用比较的状态。比较状态是可见的，对勾 ✅ 表示有效对比，错叉 ❌ 表示不一致，如图 6-21 所示。

> **提示**　双击【状态】显示域，能够查看更多相关信息。

不一致的数据类型将自动从更新程序中排除，但可以通过激活【选择】列将其包含进去。一旦程序运行，将不能撤销。

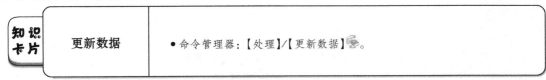

知识卡片	更新数据	• 命令管理器：【处理】/【更新数据】。

图 6-21   更新数据

步骤 14   更新数据   单击【更新数据】🗂，单击【向后】，选择将要处理的数据。排除所有数据类型，只选择【设备型号】，如图 6-22 所示。单击【向后】，查看设备型号，如图 6-23 所示。单击【向后】和【完成】，完成更新过程，退出对话框。

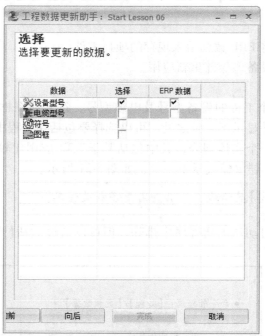

图 6-22   选择设备型号

图 6-23　查看设备型号

⚠️ **注意**　制造商设备型号能够基于需求而改变，所以并不是总能预测运行程序时返回的状态。

⚠️ **注意**　该过程不能递向运行，所以建议运行【更新数据】前将工程压缩存档或创建一个工程快照。

 提示　如果软件有多个工程同时打开，注意确保已正确地设置了【设为当前选项】，因为程序运行的是当前工程。

步骤 15　ERP 到工程设备　双击常开按钮" + L1 + L2 – S1"，进入【设备属性】。单击【设备型号与回路】，选择 Legrand 004463 并单击【编辑】，查看更新，如图 6-24 所示。单击【确定】，返回到图纸中。

⚠️ **注意**　当此过程被执行，手动应用在工程设备级的信息将被 ERP 数据库中的信息覆盖。

步骤 16　关闭工程　右击工程名称，选择【关闭工程】📁。

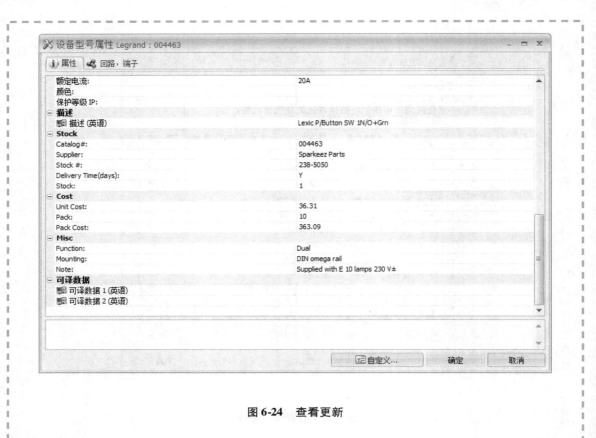

图 6-24　查看更新

练习　连接 ERP 数据库

本练习将连接 SQLite ERP 数据库,定义用户数据,并更新信息到工程的设备型号中。

本练习将使用以下技术:

- ERP 数据库连接。
- 数据库连接。
- 测试连接。
- 用户数据映射。
- ERP 属性反写到设备型号。

操作步骤

在开始练习前,解压缩文件 Start_Exercise_06. proj,文件位于 Lesson06 \ Exercises 文件夹内。

步骤1　连接 ERP　授权 ERP 连接,使用【自定义数据库(ERP)2】。设置【SQLite 连接】为数据库类型。输入数据库名称,包含 Cables. sqlite 的完整位置路径,文件位于 Lesson06 \ Exercises 文件夹内。

步骤2　设置表信息　设置表名称及域,如图 6-25 所示。

图 6-25　设置表信息

步骤3　域映射　输入相关域名称，如图 6-26 所示。单击【测试连接】，确保数据定义正确。

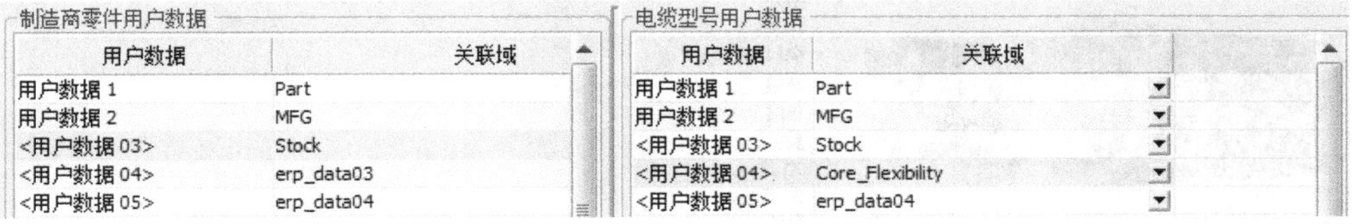

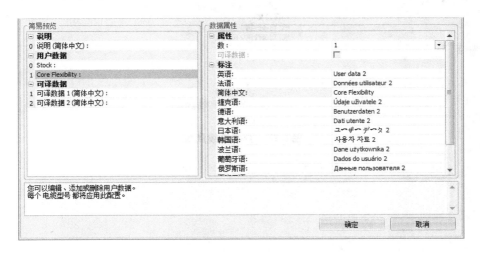

图 6-26　域映射

步骤4　更改用户数据　打开【电缆型号管理器】，查找【Prysmian】的电缆型号【U1000 R2V 4G1.5 M】。在电缆【属性】中，单击【ERP 数据】，然后【自定义】用户数据域，按照图 6-27 所示进行更改。

图 6-27　更改用户数据

步骤5　检查已有电缆　转至【工程】/【电缆】，访问电缆 W1 的属性。查看被修改过的用户数据和其他分配的数据。

步骤6　更新数据　转至【处理】/【更新数据】，选择唯一更新的【电缆型号】，再次查看电缆 W1 的属性，如图 6-28 所示。

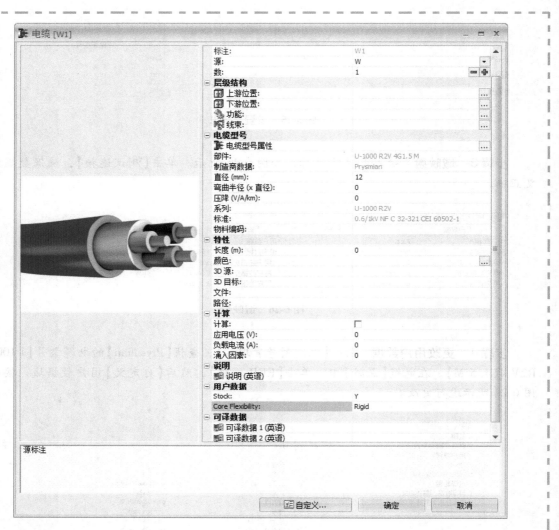

图 6-28　查看电缆属性

第7章 Excel 导入与导出

学习目标
- 创建配置
- 定义数据和域
- 导出到 Excel
- 修改数据
- 从 Excel 导入

扫码看视频

7.1 Excel 导入与导出概述

使用此功能，可以将工程数据导出到 Excel 电子表格中，这些信息可以在 SOLIDWORKS E-lectrical 以外修改，然后导入软件以自动更新工程数据。

这是一种快速更改电气工程的页面尺寸和图纸编号等属性的方法。

通过创建配置文件，用户不但可以设置即将导入的信息类型，还可以设置域信息，以便能够最大限度地减少一些不需要修改的冗余数据。配置能够保存在工程级或应用级，所以如果一种信息类型需要多次修改，使用配置即可访问所有项目。

此类命令主要适用于基于分类设备信息的修改，也可以修改文件集、页面、文件夹、电缆类型、电位及位置信息。当修改 Excel 中储存的数据时，需要十分注意域的内容。标注源于不同的信息，将自动创建。以 IEC 工程为例，设备标注前会有功能标注加上位置标注。也就是说，如果需要修改设备标注，必须更改功能标注，而不仅是设备标注。配置文件中的每一种文件类型都有其单独的 Excel 文件。导出时将自动创建一个快照，包含修改前的所有工程数据。这是一个备份文件，以防需要返回之前或者出现冲突时使用。

7.2 设计流程

主要操作步骤如下：

1. 创建 XLS 配置文件 为导入与导出 Excel 创建工程级配置文件。

2. 设置要包含的数据 选择导入/导出过程中要包含的数据。

3. 设置域数据 选择导入/导出过程中要包含的域。

4. 导出到 Excel 导出工程数据到 Excel，定义最终路径，查看内容。

5. 修改文件内容 修改导出的 Excel 数据。

6. 从 Excel 导入 选择要导入的文件，检查已修改的冲突及域，然后导入以实现工程更改。

操作步骤

开始本课程前，解压缩并打开 Start_Lesson_07. proj，文件位于 Lesson07 \ Case Study 内。创建配置文件，导出工程数据，修改信息并导入以更新工程内容。使用更改数据来更改设备型号数据。

步骤1　打开原理图　双击打开图纸"05-Control"。

7.3　Excel 导入/导出配置

因为每个配置都拥有特定的域，配置文件可以同时用于导入和导出。导出到 Excel 的配置文件，是从 SQL 数据库中提取数据进行复制和填充的。这类文件能够被编辑和导入，以修改工程内容。配置可以在工程级或应用级创建，通过属性命令进行更改、复制、压缩，以便于分享。

知识卡片	Excel 导出/导入模板	●命令管理器：【工程】/【配置】/【Excel 导出/导入模板】xls。

步骤2　创建配置　在【工程】选项卡中，单击【配置】/【Excel 导出/导入模板】，单击【新建】创建工程配置文件。设置文件名称、文件扩展名及说明，如图 7-1 所示。单击【向后】。

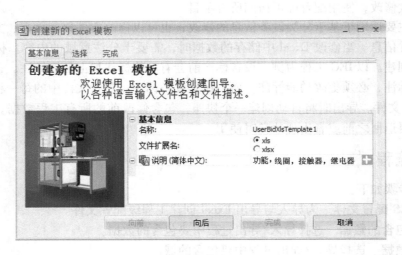

图7-1　创建配置

步骤3　导出对象　勾选【功能】和【接触器，继电器】复选框。取消勾选【标注路径】复选框，使其仅对功能、接触器、继电器无效，如图 7-2 所示。单击【向后】、【完成】和【关闭】，离开配置管理器。

图 7-2　导出对象

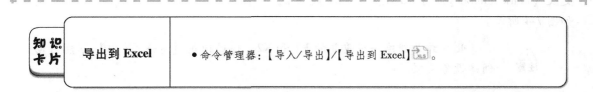

| | 导出到 Excel | ● 命令管理器:【导入/导出】/【导出到 Excel】。 |

7.4　XLS 快照

每次导出时都会创建一个快照,并保存在每个工程中,默认路径为 C:\ProgramData\SOLID-WORKS Electrical\Projects\96\BidXlsSnapShot,其中 96 是工程唯一的 ID 号。

知识卡片	导出保存点	XLS 快照是一种电子表格，用于导出时将工程数据根据选定的配置文件进行数据匹配。这也是工程数据的备份，如果导出文件被修改且导入，但更改内容需要被撤销，这时可以导入快照，返回工程的原始状态。XLS 快照可以预览，过期或不需要的文件可以通过【导出保存点管理器】删除，如图 7-3 所示。 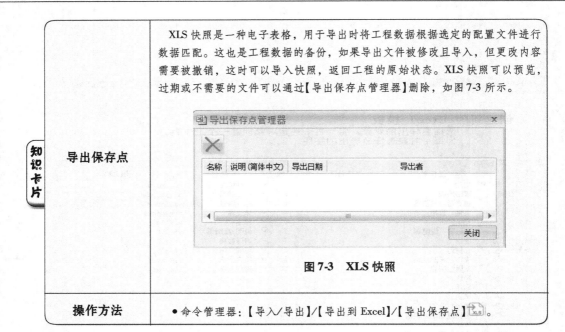 <div align="center">图 7-3　XLS 快照</div>
	操作方法	● 命令管理器：【导入/导出】/【导出到 Excel】/【导出保存点】🗐。

步骤 4　导出到 Excel　在【导出/导入】选项中，单击【导出到 Excel】🗐，然后单击【添加】🗐。

提示　　　工程级配置显示为绿色。

检查 User Bid Xls Template1. xls，单击【确定】和【向后】。单击【浏览】以指定 Lesson07 \ Case Study 的目标文件夹，保留【导出后打开文件夹】选项，单击【完成】，导出数据。

步骤 5　修改导入的数据　打开 User Bid Xls Template1. xls 文件，单击【接触器，继电器】，更改【Mark number】，将 K6 改为 1，K7 改为 2，如图 7-4 所示。

	B	C	D	E	F
1	Mark	Permanent	Manual ma	Mark num	Mark root
3	K1	0	0	1	K
4	K2	0	0	2	K
5	K3	0	0	3	K
6	K4	0	0	4	K
7	K5	0	0	5	K
8	K6	0	0	1	K
9	K7	0	0	2	K

图 7-4　修改导入的数据

⚠️注意　　　此方式是创建一个重复的 K1 和 K2，通过使用【导入/导出】不能自动创建设备关联。

提示　　　标注值是由标注源 + 标注数组成的信息串，在文件中更改标注数会导致工程图纸的标注值被更新。

步骤 6　修改导出的端子数据　单击【Connection】表，查看端子信息。更改【Mark number】区域，将 X2 端子排的 12 个端子改为 1~12。

⚠️注意　　　图 7-5 所示例子可能会有不同，不能反映导出信息。

思考　　　如果没有上述分类，该如何判断哪些端子属于哪个端子排？

	B	C	D	E	F	G
1	Mark	Permanent	Manual ma	Mark number	Mark root	Section
3	X1	0	0	1	X	
4	1	-1	0	1		16
5	2	-1	0	2		16
6	3	-1	0	3		16
7	4	-1	0	2		16
8	X2	-1	0		X	
9	10	0	0	1		16
10	11	0	0	2		16
11	12	0	0	3		16
12	13	0	0	4		16
13	14	0	0	5		16
14	15	0	0	6		16
15	16	0	0	7		16
16	17	0	0	8		16
17	18	0	0	9		16
18	19	0	0	10		16
19	20	0	0	11		16
20	21	0	0	12		16
21	X3	-1	0	3	X	
22	1	0	0	1		16
23	2	0	0	2		16

图 7-5　修改导出数据

步骤 7　修改导出的功能数据　激活【Function】表，修改【Mark number】，将 Main function F10 从 10 改成 1，如图 7-6 所示。单击【关闭】，在提示保存文件时单击【保存】。

	B	C	D	E	F
1	Manual mark	Mark number	Mark root	Mark	Description (English)
3	0	1	F	F10	Main function
4	0	2	F	F2	Door Opened
5	0	3	F	F3	Door Closed
6	0	4	F	F4	Sensor
7	0	5	F	F5	Emergency Stop
8	0	6	F	F6	Open Door
9	0	7	F	F7	Close Door

图 7-6　修改导出的功能数据

79

7.5　从 Excel 导入

在导入时，可以查看更改后影响的工程信息，且经过 Excel 文件和数据库的比较，这些信息会高亮显示为绿色，如图 7-7 所示。

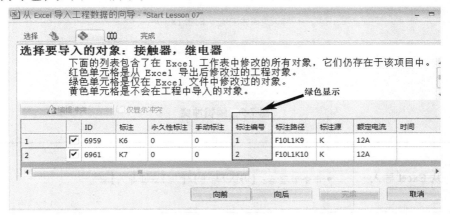

图 7-7　导入数据

绿色显示区域表示导入的数据没有问题，然而这并不表示导入的信息一定更新了工程信息，除非填写了正确的域。导入数据的任何问题都将作为冲突报告显示，如图 7-8 所示。

图 7-8　数据冲突

通过选择详细的冲突，【编辑冲突】选项将被激活，可通过选择可用的修复列表解决问题，如图 7-9 所示。

图 7-9　编辑冲突

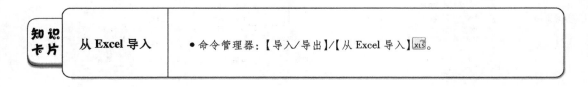

| 知识卡片 | 从 Excel 导入 | • 命令管理器：【导入／导出】/【从 Excel 导入】 |

步骤 8　从 Excel 导入　单击【从 Excel 导入】，单击【添加】，浏览到 Lesson07 \ Case Study \ User Bid Xls Template1. xls 文件，单击【打开】。单击【向后】，查看变更内容，直到到达【完成】选项卡，然后单击【完成】以导入更改。根据提示单击【保留导出保存点】。

步骤 9　查看修改　单击【设备导航器】，展开"L1-Main electrical closet"，此处可以看到重复的 K1 和 K2，端子排 X2 的端子已经被重命名。右击工程名称，选择【功能视图】，查看应用在 Main function 编号上的更改。

7.6　替换数据

【替换数据】命令允许对整个工程的设备型号和电缆型号、符号和图框进行替换。该命令将替换特定数据类型的所有实例，如果两个设备应用了 Legrand 004251 设备型号，其中有一个 004251 设备型号改变，则两个相关设备都会更改。当开始替换时，会有 3 种状态类型出现：

1）无更改 ⓘ。表示数据没有替换。

2）不匹配 ⊗。表示选择替换的设备与相关设备符号的要求不匹配，可以是回路类型、端子号或回路数。

3）匹配 ✓。表示替换数据能够与现有数据匹配。

> 提示　双击状态单元格可查看更多的相关内容。

符号和图框包含着现有和替换图形的预览，所以可以在选择替换之前预览图纸内容。用户可以保存所应用设置的配置文件。这样，如果一个设备型号宣布作废，可以通过配置文件在多个工程中实现替换。选择配置将会自动应用设备型号的替换。

7.7　操作步骤

主要操作步骤如下：

1. **替换设备型号**　替换设备型号为另一个型号。
2. **保存配置文件**　将应用的更改保存至配置文件。
3. **检查结果**　查看设备，确保更改被应用。

知识卡片	替换数据	• 命令管理器：【处理】/【替换数据】。

下面将替换设备型号数据，并保存更改至配置文件。

步骤 10　数据选择　单击【替换数据】，在【选择】选项卡中激活设备型号，其他不选择，单击【向后】。

> ⚠ 注意　以下步骤需要 Legrand 的设备型号，如果此设备型号在系统中没有，可以从 Lesson07 \ Case Study 文件夹中解压缩。

81

步骤 11　替换设备　双击 Legrand 004251 的【部件（替换为）】单元格。按图 7-10 所示选择004252，勾选【选择】复选框。单击【向后】。

图 7-10　替换设备

步骤 12　保存配置　单击【将设置保存到配置以替换工程项目】按钮，填写数据，如图 7-11 所示。单击【确定】，创建配置文件，单击【完成】。

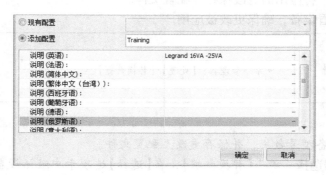

图 7-11　保存配置

步骤 13　检查更改　在【设备导航器】中右击工程名称，选择【搜索设备】，在【部件】中填写"004252"，如图 7-12 所示。

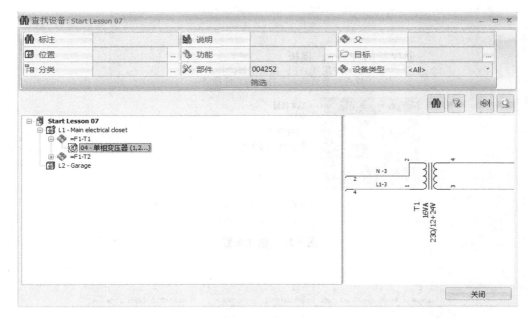

图 7-12　检查更改

练习　导入/导出 Excel

本练习将创建配置文件，导出 Excel，修改数据，并导入更改到工程文档。

本练习将使用以下技术：

- 创建配置。
- 导出到 Excel。
- 从 Excel 导入。
- 查看修改。

操作步骤

开始本练习前，解压缩并打开 Start_Exercise_07. proj，文件位于文件夹 Lesson07 \ Exercises 内。

步骤 1　创建配置　创建工程级【Excel 导入/导出配置】，填写名称和说明，如图 7-13 所示。选项中只选择【图纸】，单击【完成】。

步骤 2　导出到 Excel　使用新创建的配置文件 Training Labs. xls【导出到 Excel】。保存导出文件到 Lesson07 \ Exercises 文件夹，单击【完成】。

步骤 3　编辑 Excel 文件　打开 Training Labs. xls 文件，更改【Description (Main language)】单元格，如图 7-14 所示。保存并关闭文件。

步骤 4　从 Excel 导入　单击【从 Excel 导入】，选择 Lesson07 \ Exercises 文件夹中的修改的文件，单击【完成】以实现修改，如图 7-15 所示。

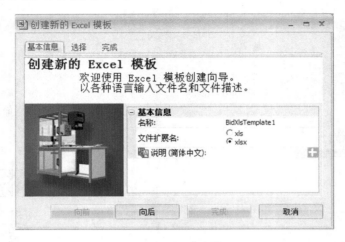

图 7-13　创建配置

	B	C	D	E	F	G	H
1	Manual ma	Mark numl	Mark path	Scale den	Scale num	Mark	Description (Main language)
3	0	1	1\01	1	1	01	Cover sheet
4	0	2	1\02	1	1	02	Drawing Index
5	0	3	1\03	1	1	03	Synopsis
6	0	4	1\04	1	1	04	DOL Power
7	0	5	1\05	1	1	05	Reversing Control
8	0	6	1\06	1	1	06	Power PLC
9	0	7	1\07	1	1	07	PLC Inputs
10	0	8	1\08	1	1	08	PLC Outputs

图 7-14　编辑 Excel 文件

图 7-15　导入数据

第 8 章 Excel 自动化

学习目标
- 创建宏
- 将 SQL 表连接到 Excel
- 设置 Excel 宏数据
- 配置 Excel
- 生成多个工程图纸

扫码看视频

8.1 从 Excel 自动生成图纸

Excel 自动生成图纸功能允许根据 Microsoft Excel 文件自动生成工程的文件集、图纸和图纸内容。系统通过宏填充图纸内容，可以使用单个宏代表整个回路，也可以多个宏组合完成一个回路。图 8-1 所示是用两个宏来实现整个原理图回路。

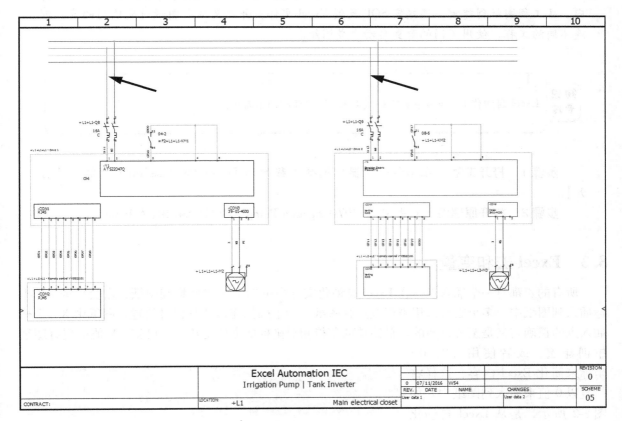

图 8-1 两个宏

信息被附加到宏的内容中，通过在符号属性或电线属性中使用变量，此类信息能够在 Excel 文件中定义并自动填入。该方式也可以在宏符号数据中实现，例如制造商、设备型号、用户数据、标注等，都可以在宏数据中更改，或者两个系统结合起来使用。这提供了一种灵活地自动生成图纸的方法。由于可用选项的范围，本章的重点是利用 Microsoft Excel 特性来创建一个简单的配置，以允许用户轻松地从文件中定义符号属性及图纸类型。该方法有多种应用，可以从模块化机械构建到不同国家系统文档的本地化建设。

在本章中，宏 SQL 表将连接到 Excel 电子表格及数据范围，用于定义宏，并附加到不同图纸中。Excel 配置可以将不同的原理配置应用到多个工程，并在不同的标准中采用不同的图纸内容，以允许工程师轻松地用单个 Excel 文件生成多个类型的工程图纸。

8.2 设计流程

主要操作步骤如下：
- 创建宏　从现有的工程图纸创建宏。
- 将宏 SQL 表连接到 Excel 文件　插入宏表格到 Excel 表格。
- 定义宏　选择被使用的宏来填充不同的图纸。
- Excel 自动化　使用模板创建工程，使用不同的配置填充图纸。

操作步骤

开始本课程前，解压缩并打开 Start_Lesson_08，文件位于文件夹 Lesson08 \ Case Study 内。从工程图纸创建宏，连接宏 SQL 表到 Excel 文件，并定义生成图纸时要使用的宏。创建不同的工程，使用不同的配置自动生成图纸。

知识卡片	Excel 自动化	● 命令管理器：【导入/导出】/【Excel 自动化】

步骤 1　打开工程　在工程管理器中选择工程 Start Lesson 08 BaseProject，单击【打开】。

步骤 2　打开原理图　双击图纸 "07-Irrigation Pump | CP1H-X40DR-A Inputs"。

8.3 Excel 宏和变量

所有的宏都有一个插入点，在 Excel 自动化文件中可以定义文件集和图纸，宏会根据 XY 坐标插入到图纸中。多个宏可以用来组成一张图纸，为了确保连通性及相对位置，图纸中 XY 坐标插入点的正确定义是至关重要的。最简单的获得相对坐标的方法是从一个已知 XY 值的现有图纸中创建宏，或者使用（0，0）坐标来简化 Excel 内容，这样将一直以 0 值来插入到图纸中。如图 8-2 所示，是从 Excel 自动化电子表格中提取的数据，显示了

#mac_name	#fil_title	#mac_posx	#mac_posY	#bun_tag
General Power 102	'03	0	0	1
Power Motor 201	'03	0	0	1
Power Motor 301	'03	0	0	1
Motor Control 201	'04	0	0	1

图 8-2　宏变量

一些要创建及生成图纸所需定义的数据库域。

列的域如下所示：

- 【#mac_name】 该域是必填项，它代表宏的名称。任何不包含宏名称的行都会被警告，因为没有宏被插入。
- 【#fil_title】 该域是必填项，它代表要创建的图纸的名称。任何不包含图纸名称的行都会被警告，因为没有图纸生成。
- 【#mac_posX】 该域是必填项，它表示被插入图纸中宏的 X 坐标。任何不含 X 坐标的行都会被警告，因为插入点未知。
- 【#mac_posY】 该域是必填项，它表示被插入图纸中宏的 Y 坐标。任何不含 Y 坐标的行都会被警告，因为插入点未知。
- 【#bun_tag】 该域是选填项，它可以用来创建多个文件集，定义的值表示创建的图纸文件集的编号。

变量充当列标识符，且都必须在相同的行。任何用于变量处理的数据都可用于描述变量列说明的信息，且都将被忽略。有两种类别的变量类型：

- **特定数据/数据库域** 特定数据用于内部选项，【#title_lang】用于添加说明，不会执行。特定数据和数据库域始终以#开头，该限制符也只能用于这种类别的列头。
- **变量** 用户自定义的数据，所在列关联到宏的对象。前后添加限制符%，该限制符只能用于此类别的列头。

> **步骤3 创建宏群** 在宏导航器上右击，选择【新建群】。输入名称"Excel Automation"，单击【确定】。
>
> **步骤4 创建回路宏** 单击【缩放到最大】，选择整个电路，如图8-3所示，将其拖放到【Excel Automation】群中。在宏属性中应用图8-4所示信息。单击【确定】，创建宏，添加到侧边栏。

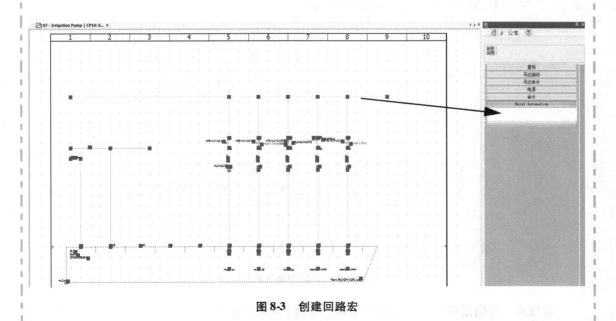

图8-3 创建回路宏

图 8-4 定义宏属性

步骤5　定义宏插入点　右击新创建的宏，选择【编辑宏】⌖。在【修改】中单击【插入点】⊕，单击(0，0)坐标原点，如图8-5所示。

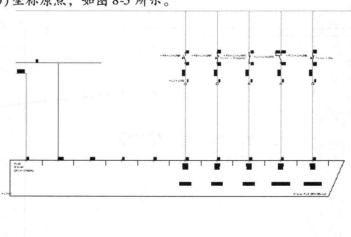

图 8-5 定义宏插入点

步骤6　关闭工程　右击宏工程名称，选择【关闭工程】⬜。

8. 4　将 SQL 表连接到 Excel

将 SQL 表连接到 Excel 并非是更好地运行 Excel 自动化的必要条件，但通过在 SOLIDWORKS Electrical 宏 SQL 表和 Excel 文件之间创建连接，可以让工程师设置一些选项，让宏选择更容易。使用该方法可以确认只有当前储存于 SOLIDWORKS Electrical 的宏可以被使用，避免在定义宏生成图纸时使用错误的宏。

 注意　运行 Excel 自动化后只有 Excel 第一可见工作表会被提取，可以添加额外信息来增加更多选项。工作表的命名并没有限制。

步骤 7　将 SQL 表连接到 Excel　打开 Start Lesson 08 XLS automation Start. xlsx，文件位于 Lesson08\Case Study 文件夹内。在 Values 工作表中选择单元格 C3，从【数据】中单击【自其他来源】/【来自 SQL Server】。

步骤 8　指定数据库　在【数据连接向导】中指定计算机名称和 SOLIDWORKS Electrical 数据库名称，中间用" \ "分隔，例如 MyPC\TEW_SQLEXPRESS，使用 Windows 验证，直接单击【下一步】。

 注意　SQL server 的位置和登录账户是在安装时设定的，本章使用默认的 SQL 数据库名称和安装配置。已经修改过的验证和数据库名称需要输入个人设置的信息。

步骤 9　选择数据库和表　选择如图 8-6 所示的选项，单击【下一步】。按图 8-7 所示输入说明信息，激活复选框，单击【完成】。

图 8-6　选择数据库和表

步骤 10　导入数据　按图 8-8 所示设置导入数据，单击【确定】。

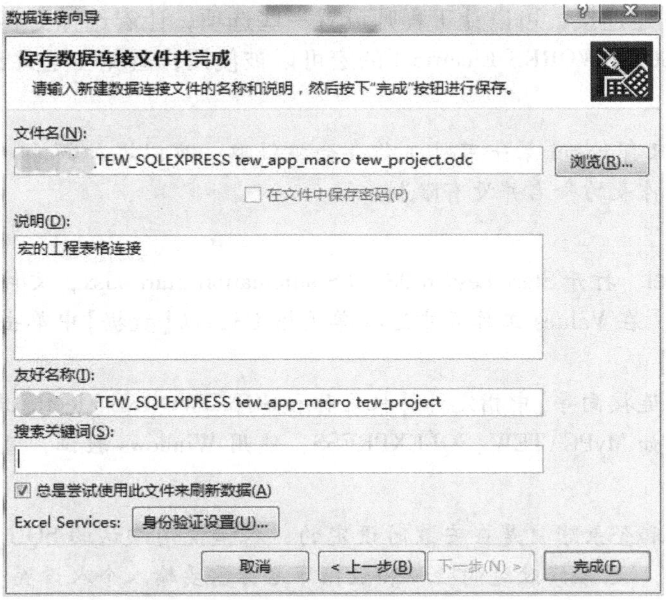

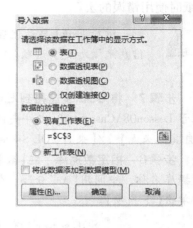

图 8-7　输入说明信息

图 8-8　导入数据

步骤 11　连接另一个表　选择单元格 B3，重复之前的操作，选择连接到 tew_userdata 表，如图 8-9 所示。输入如图 8-10 所示说明，激活复选框，单击【完成】。单击【确定】，导入数据，插入表格。

图 8-9　连接另一个表

图 8-10　输入说明信息

步骤 12　隐藏列　选择 C 列，右击并选择【隐藏】。重复操作，把 E ~ X 列都隐藏，如图 8-11 所示。

use_objectid	use_data0	pro_name	pro_path
14		ANSI_PLC_D_IN_LEFT	
15		ANSI_PLC_D_IN_RIGHT	
16		ANSI_PLC_D_OUT_LEFT	
17		ANSI_PLC_D_OUT_RIGHT	
18		Inputs Outputs 1	
19		PLC_A_IN_BOTTOM	
20		PLC_A_IN_TOP	
21		PLC_D_IN_BOTTOM	
22		PLC_D_IN_TOP	
23		PLC_D_OUT_BOTTOM	
24		PLC_D_OUT_TOP	
25		Sample	
26		User I/O	
27		Macro 20161013131748	
29		Exercise02	
36	Alarm	Alarm	

图 8-11　隐藏列

注意　　　　图 8-11 中显示的列内容基于创建的宏、使用的语言和应用的描述。

步骤 13　设置域条件　单击工作表 XLSautomation，选择单元格 B4。在图 8-12 所示区域单击"#REF"和"table_array"。单击后输入"D4：Y100"，按下〈Enter〉键，确认操作。

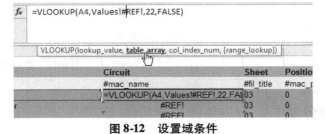

图 8-12　设置域条件

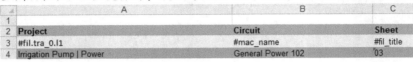

注意　该函数将根据宏名称检查已经定义的宏描述，并自动填充 XLSautomation 工作表中的 Circuit 列。根据各系统中宏的数量，选择的单元数量也要随之增加。考虑到后期宏的数量会增加，建议 Excel 中选择的数量要比实际宏的数量多。

单击工作表 XLSautomation，检查 Circuit 名称已经更新为"General Power 102"，如图 8-13 所示。使用相同的方法重复操作，更改单元格 B5 ～ B22，达到如图 8-14 所示的结果。

	A	B	C
1			
2	Project	Circuit	Sheet
3	#fil.tra_0.l1	#mac_name	#fil_title
4	Irrigation Pump | Power	General Power 102	'03

图 8-13　更新名称

	A	B	C
1			
2	Project	Circuit	Sheet
3	#fil.tra_0.l1	#mac_name	#fil_title
4	Irrigation Pump | Power	General Power 102	'03
5	Irrigation Pump | Tank Filling Motor	Power Motor 201	'03
6	Irrigation Pump | Irrigation Motor	Power Motor 301	'03
7	Irrigation Pump | Motor Control Relay	Motor Control 201	'04
8	Irrigation Pump | Tank Inverter	Motor Inverter 201	'05
9	Irrigation Pump | Irrigation Inverter	Irrigation Inverter 301	'05
10	Irrigation Pump | PLC Connections List CP1H-X40DR-A	PLC List CP1H-X40DR-A Omron	'06
11		#N/A	
12	Irrigation Pump | CP1H-X40DR-A Outputs	PLC CP1H-X40DR-A Outputs	'08
13	Irrigation Pump | Power ANSI	General Power Supply102A	'03
14	Irrigation Pump | Tank Filling Motor ANSI	Power Motor 201A	'03
15	Irrigation Pump | Irrigation Motor ANSI	Motor Power 301A	'03
16	Irrigation Pump | Motor Control Relay ANSI	Motor Control 201A	'04
17	Irrigation Pump | Tank Inverter ANSI	Motor Inverter 201A	'05
18	Irrigation Pump | Irrigation Inverter ANSI	Irrigation Inverter 301A	'05
19	Irrigation Pump | PLC Connections List CP1H-X40DR-A AI	PLC List CP1H-X40DR-A Omron A	'06
20	Irrigation Pump | CP1H-X40DR-A Inputs ANSI	PLC CP1H-X40DR-A Inputs A	'07
21	Irrigation Pump | CP1H-X40DR-A Outputs ANSI	PLC CP1H-X40DR-A Outputs A	'08
22	Hydraulic Circuit | Tank + Pump	Circuit H300	'09

图 8-14　更改单元格内容

步骤 14　数据验证　选择单元格 A11，单击【数据】中的【数据验证】。按图 8-15 所示指定来源，勾选【对有同样设置的所有其他单元格应用这些更改】复选框，单击【确定】。

步骤 15　选择宏　选择单元格 A11，从下拉列表中单击【Irrigation Pump ｜ CP1H-X40DR-A Inputs】。

图 8-15　数据验证

8.5　插入图纸和分类

Excel 中是否能够将宏插入图纸的条件是：定义的域是否可见和是否选定合适的图纸类型。

本章中，变量#mac_insert 用于定义哪些内容将会被插入，哪些内容将会被忽略。1 表示将创建图纸并插入宏；0 表示将忽略图纸和宏。Excel 自动化中可用的图纸类型有 5 种，每种都会关联一个特定的值，应用在#fil_filetype 中，如下所示：

- 原理图：0。
- 布线方框图：1。
- 封面：5。
- 2D 机柜布局图：9。
- 混合图：12。

上述变量都是可选的，任何未指定图纸类型的宏插入后都将默认是混合图。封面不能插入宏，因此不需要设定 XY 坐标信息。

步骤16　设置宏　为 11 行中的宏定义工作表、XY 坐标、文件集和图纸类型，如下所示：

- Sheet：07。
- Position X：0。
- Position Y：0。
- Book：1。
- Drawing Type：0。

步骤17　配置选择　单击 Configuration 工作表，使用如图 8-16 所示的信息进行更改。

Client Data	
Project	*Training*
Client	*SOLIDWORKS*
Date	*21/11/2018*
Job #	*221 A8 B4*

Design Options		
Tank filling control	*Yes*	
Irrigation system	*No*	
Hydraulic Drawing	*Yes*	
Standard	*ANSI*	*ALERT! Use Template - Start Lesson 08 ANSI*

图 8-16　配置选择

步骤18　保存 Excel　单击【文件】/【另存为】，修改文件名为"XLS Automation"，保存到桌面。

步骤19　创建 ANSI 工程　在 SOLIDWORKS Electrical 工程管理器中创建新工程，选择工程模板 Start Lesson 08 ANSI。在工程属性中更改工程名称为"Filling Control ANSI"，单击【确定】。

步骤20　Excel 自动化　单击【导入/导出】/【Excel 自动化】 。浏览到桌面上的文件"XLS Automation.xlsx"，单击【打开】，生成图纸并给出报告，如图 8-17 所示，单击【关闭】。

步骤21　检查图纸　打开原理图并查看图纸内容，如图 8-18 所示。

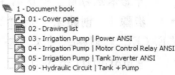

图 8-17　生成报告　　　　　　　　　　　　　图 8-18　检查图纸

步骤22　关闭工程　右击工程名称，选择【关闭工程】。

步骤23　创建 IEC 工程　使用 Start Lesson 08 IEC 模板，在 SOLIDWORKS Electrical 工程管理器中创建新工程。在工程属性中修改工程名称为"Complete Data Set IEC"，单击【确定】。使用相同的步骤更改 Excel 配置信息，如图 8-19 所示，单击【保存】。在 SOLID-WORKS Electrical 中单击【导入/导出】/【Excel 自动化】。浏览到桌面文件"XLS Automation. xlsx"，单击【打开】，生成图纸并给出报告，单击【关闭】。从文档导航器中打开原理图并查看图纸内容，如图 8-20 所示。

Client Data	
Project	*Training*
Client	*SOLIDWORKS*
Date	*21/11/2018*
Job #	*221 A8 B4*

Design Options	
Tank filling control	*Yes*
Irrigation system	*Yes*
Hydraulic Drawing	*Yes*
Standard	*IEC*　　ALERT! Use Template - Start Lesson 08 IEC

图 8-19　创建 IEC 工程

图 8-20　查看图纸内容

练习　运行 Excel 自动化

本练习将创建宏，并设置电位和符号变量。赋予 Excel 参数，并自动生成图纸。

本练习将使用以下技术：
- 创建宏群。
- 创建回路宏。
- 宏插入点。
- Excel 自动化。

操作步骤

开始本练习前，解压缩并打开 Start_Lesson_08，文件位于文件夹 Lesson08\Exercises 内。

步骤1　创建宏　打开工程 Start Exercise 08 BASE。打开图纸"03"，创建新宏名为"EXCEL"。创建三个宏，每个宏的【插入点】都为 $(0，0)$，将名称应用如下：
- MACRO1（图 8-21）。
- MACRO2（图 8-22）。
- MACRO3（图 8-23）。

图 8-21　宏 MACRO1

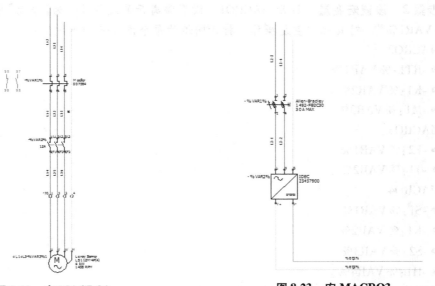

图 8-22　宏 MACRO2

图 8-23　宏 MACRO3

步骤 2　控制宏　打开图纸"04"，创建另一个宏，包含整个回路图，名为"MACRO4"，指定【插入点】为 (0，0)，如图 8-24 所示。

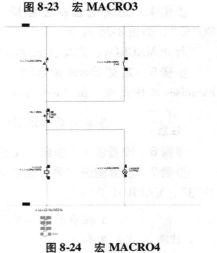

图 8-24　宏 MACRO4

●**宏变量**　Excel 自动化使用的宏内容可以是可变的，内容可以在 Excel 文件中自定义。为了在宏中创建可变内容，宏内部的内容需要有特殊的命名方式，以便于在 Excel 中可识别。要在宏中创建变量对象标注，必须访问对象的属性（例如符号、设备属性或编辑电线标注等）。

标注必须设定为手动模式，且在宏中需要是唯一的设定，除非是标注需要特别指定，或符号需要建立关联关系。变量名称需要将特定通配符%加在名称前后。此类变量可以连接到 Excel 文件的列头，如图 8-25 所示。

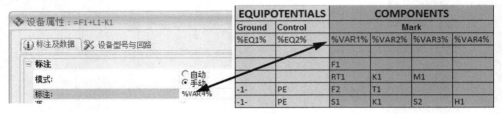

图 8-25　宏变量

步骤 3　设置宏变量　打开 MACRO1，设置隔离开关设备属性为【手动】模式，标注值为"%VAR1%"。对其他宏重复操作，打开图纸为每个设备做如下设置：

MACRO2

- -RT1：%VAR1%。
- -K1：%VAR2%。
- -M1：%VAR3%。

MACRO3

- -F2：%VAR1%。
- -T1：%VAR2%。

MACRO4

- -S1：%VAR1%。
- -K1：%VAR2%。
- -S2：%VAR3%。
- -H1：%VAR4%。

步骤 4　定义电位标注变量　打开 MACRO3，更改电位标注为"%EQ1%"和"%EQ2%"，如图 8-26 所示。

打开 MACRO4，更改左上方的电位标注为"%EQ1%"，左下方标注为"%EQ2%"。

步骤 5　定义 Excel 宏名称　打开 Excel 文件 Start_Exercise_08. xlsx，位于 Lesson08 \ Exercises 文件夹内。在 Macro Name MANDATORY 区域输入值，如图 8-27 所示。

生成的第一张图纸将会是封面，封面不能插入宏，所以表中留空。

步骤 6　设置宏 XY 坐标　设置所有宏 X 和 Y 坐标值为"0"。

步骤 7　设置图纸编号　设置第一页图纸编号为"1"，MACRO1、MACRO2、MACRO3 为"3"，MACRO4 为"4"。

工程中的第一页为封面，第二页将会通过 Excel 自动化自动生成，创建图纸 3 和 4。

96

步骤8　设置图纸类型　在【Drawing type】列中设置图纸类型，如图 8-28 所示。

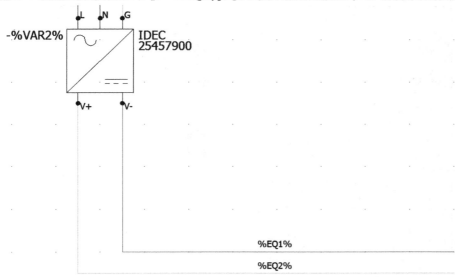

图 8-26　定义电位标注变量

Macro Name MANDATORY
#mac_name
Macro1
Macro2
Macro3
Macro4

图 8-27　输入的值

Drawing type	Internal Drawing Type Code
	#fil_filetype
Cover page	5
Schematic	0
Schematic	0
Schematic	0
Schematic	0

图 8-28　图纸类型

注意　图纸类型是通过特定的数字来定义的，应用在#fil_filetype 中，所有的图纸类型和编号都可以在 Excel 的 Sheet 2 中找到。

步骤9　设置说明和文件集　输入以下的说明和文件集，如图 8-29 所示。

步骤10　设置电位和设备标注　更改电位和设备标注，如图 8-30 所示。单击【文件】/【另存为】，保存文件到桌面，命名为"08 Excel Automation. xlsx"。

Drawing Description	Book No.	Description
#fil.tra_0.l1	#bun_tag	#bun.tra_0.l1
Cover Page	1	Document book
Power	1	Document book
Power	1	Document book
Power	1	Document book
Control	1	Document book

图 8-29　说明和文件集

EQUIPOTENTIALS		COMPONENTS			
Control	Ground	Mark			
%EQ1%	%EQ2%	%VAR1%	%VAR2%	%VAR3%	%VAR4%
		F1			
		RT1	K1	M1	
-1-	PE	F2	T1		
-1-	PE	S1	K1	S2	H1

图 8-30　电位和设备标注

步骤11　Excel 自动化　在 SOLIDWORKS Electrical 中打开工程 Start Exercise 08，运行【Excel 自动化】，选择保存到桌面的 Excel 文件。当程序运行结束后，打开原理图查看结果，如图 8-31 和 8-32 所示。

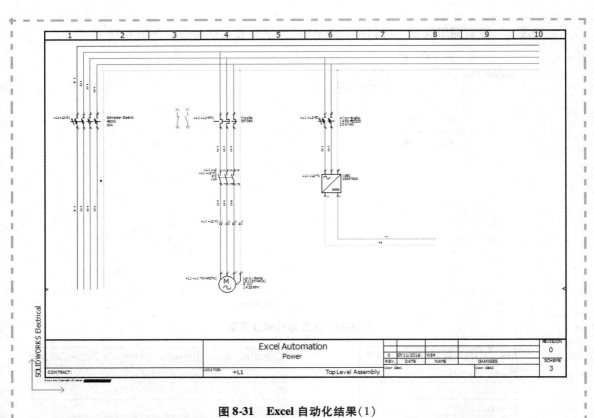

图 8-31　Excel 自动化结果（1）

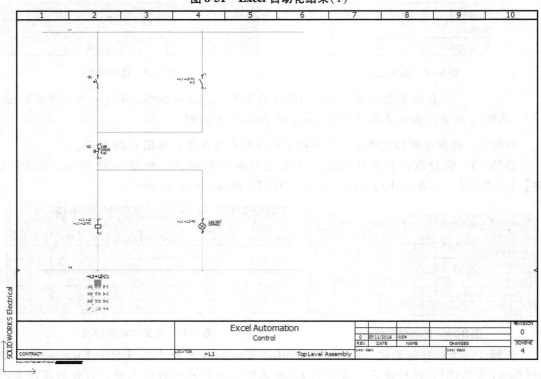

图 8-32　Excel 自动化结果（2）

第9章 创建报表

学习目标

- 创建报表
- 编写程序
- 组合不同的 SELECT 语句
- 创建报表列

9.1 报表

SOLIDWORKS Electrical 使用 SQL 数据库存储应用于电气工程的信息。创建的每个工程都对应唯一的数据库。数据库由表组成，每个表都会有不同的信息应用到工程中。

9.1.1 报表结构

报表是由三种类型的信息创建的，任何一种报表的核心都是将特定数据库表进行相互连接的 SQL 查询，连接的表格具有关联到报表的特定信息。在 SQL 查询中，用户还可以自定义用于报表列的域。报表列通过报表配置编辑器来定义，并且可以包括解析器公式以返回数据，以便返回长度值的域可以应用一个公式来控制报表列中显示的长度和小数位数。

SQL 查询、列解析器、排序/分断设置、描述和层的设定都储存在图 9-1 所示的 XML 文件中。

图 9-1　XML 文件

9.1.2 报表位置

程序中含有多种不同类型的报表，它们分别储存在不同的位置。

- 工程级报表仅用于特定的工程，默认储存于 C:\ProgramData\SOLIDWORKS Electrical\Projects\1\XMLConfig\BOMTemplate 文件夹内，其中 1 是对应的工程 ID。
- 程序级报表可用于任何工程，默认储存于 C:\ProgramData\SOLIDWORKS Electrical\BOMTemplate 文件夹内。
- 工程级绘图检查规则默认储存于 C:\ProgramData\SOLIDWORKS Electrical\Projects\1\XMLConfig\DesignRules 文件夹内。
- 程序级绘图检查规则默认储存于 C:\ProgramData\SOLIDWORKS Electrical\XmlConfig\DesignRules 文件夹内。

9.1.3 报表可用性

软件自带了两类报表：一种仅用于公制测量单位的工程，另一种用于英制测量单位的工程。这两种类型的报表通过文件名称可以很清晰地区分：分别在文件名中可以看到 Metric 和 Imperial。

但是这样的设定并不能体现报表何时何处可用。在 XML 文件中，文件具有 Measurement 部分，此类值有两个数字可选，以便于设定使用哪种测量单位，如图 9-2 所示。

- 1 表示报表将会用于公制工程。
- 0 表示报表将会用于英制工程。

> **提示** 如果创建的报表希望在具有公制和英制单位的工程中使用，只需要将报表做一个副本，并在副本中修改 Measurement 部分的值，就可以同时满足不同需求的工程了。

```
<FILENAME>BridgeConnect_Metric</FILENAME>
<DESCRIPTION>
  <LANGUAGE xml:lang="fr">Liste des pontages</LANGUAGE>
  <LANGUAGE xml:lang="en">List of bridges</LANGUAGE>
  <LANGUAGE xml:lang="pt">Lista de conexões (jumps)</LANGUAGE>
  <LANGUAGE xml:lang="de">Brückenliste</LANGUAGE>
  <LANGUAGE xml:lang="it">Elenco dei ponti</LANGUAGE>
  <LANGUAGE xml:lang="ja">ブリッジのリスト</LANGUAGE>
  <LANGUAGE xml:lang="ru">Список мостов</LANGUAGE>
  <LANGUAGE xml:lang="es">Lista de puentes</LANGUAGE>
  <LANGUAGE xml:lang="zh">跳线清单</LANGUAGE>
  <LANGUAGE xml:lang="ko">브릿지 목록</LANGUAGE>
  <LANGUAGE xml:lang="zh-tw">橋清單</LANGUAGE>
  <LANGUAGE xml:lang="cs">Seznam můstků</LANGUAGE>
  <LANGUAGE xml:lang="pl">Lista mostków</LANGUAGE>
  <LANGUAGE xml:lang="tr">Köprü listesi</LANGUAGE>
</DESCRIPTION>
<FILE_TYPE>0</FILE_TYPE>
<OBJECT_TYPE>6</OBJECT_TYPE>
<MEASURMENT>1</MEASURMENT>
```

图 9-2　编码内容

9.1.4　报表注意事项

输入程序的所有数据默认以毫米为单位，以便在英制系统中做出英尺或英寸的转换。例如，包含电线长度的英制报表中具有解析器表达式 STR（length/25.4，10，2），即将长度除以 25.4，使其从毫米转换为英寸。

9.2　课程结构

本章内容未能包含所有的报表类型，也没有涵盖所有创建查询的方法。这是因为通过查询，有太多种方式可以实现结果。在本章中，将创建并编辑一个新的报表，让报表的复杂性不断增加。本章内容可以作为支持文档，内容涉及表的连接、数据库表结构、报表创建和编辑的原理信息等。

9.3　警告

本章和支持文档提供了 SOLIDWORKS Electrical 中表和字段的使用信息。基于此，读者可以尝试运行查询来修改程序环境之外的数据库内容。但不支持且不建议这样做，这会造成 SQL 数据库的数据丢失、损坏或严重的故障。

9.4　设计流程

主要操作步骤如下：

1. **创建工程报表**　添加已有的应用程序报表到工程并修改报表属性。
2. **开发 SQL 查询**　移除已有 SQL 查询，并构建与工程位置数据相关的新查询。
3. **修改列**　删除不需要的列，并修改其余列以反映查询内容。
4. **添加报表**　向工程的报表管理器添加报表，用于自动生成。
5. **开发高级查询**　创建报表的副本并修改它，开发连接多个表的复杂查询。
6. **添加列**　使用查询变量修改和添加列，并设置列以允许汇总数量。
7. **生成报表**　生成报表图纸，查看结果。

> **操作步骤**
>
> 开始本课程前，解压缩并打开 Start_Lesson09.proj，文件位于文件夹 Lesson09 \ Case Study 内。复制并修改报表，使用 SQL 语句编程查询。

步骤1 创建报表 在工程上右击，选择【配置】/【报表模板】⊞。选择 BookRevision_Metric 应用报表，单击【添加到工程】→。选择工程的报表副本 BookRevision_Metric，单击【属性】🛈。在【基本信息】中更改内容，如图 9-3 所示。单击【应用】。

- 基本信息	
名称：	Locations
类型：	位置
- 说明	
说明 (英语)：	Project Locations
说明 (法语)：	Révisions des liasses
说明 (简体中文)：	工程位置

图9-3 创建报表

提示👆 建议在开发任何报表的过程中经常使用【应用】按钮，以保存更改。

在【附件】上单击【文件名格式】。在格式管理器中单击【变量和简单格式】。选择 REPORT_DESCRIPTION 变量，单击【添加简单格式】，如图9-4 所示。单击【确定】和【应用】。单击【说明】。使用变量和固定的字符串值输入公式"CURRENT_FILE_NUMBER + "/" + TOTAL_FILES_GENERATED"，单击【确定】和【应用】。

图9-4 定义文件名格式

步骤2 清空报表 单击【排序和中断】，选择 vbun_tag_position，单击【从排序中删除】←。重复操作，从排序和中断中删除所有列。

9.5　基本查询

创建查询的基本 SQL 语句如下：

● SELECT。用于从数据库表中选择数据。只有包含在选择范围中的数据才可以用于报表列的创建。

　● AS。创建别名，赋予一个数据字段临时名称。

　● FROM。将从中获取所选字段的表。

步骤3　创建基本查询　单击【专家模式激活】，在警告信息对话框上单击【是】。选中整个 SQL 查询，并将其删除。展开表 tew_location，双击字段"loc_text"，如图9-5 所示。

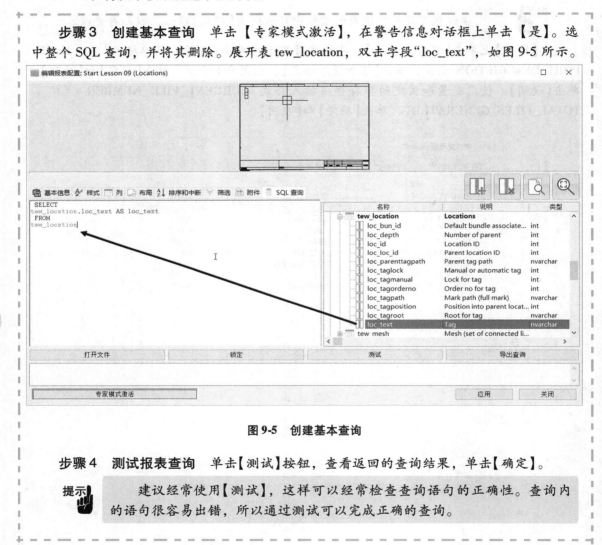

图9-5　创建基本查询

步骤4　测试报表查询　单击【测试】按钮，查看返回的查询结果，单击【确定】。

提示　建议经常使用【测试】，这样可以经常检查查询语句的正确性。查询内的语句很容易出错，所以通过测试可以完成正确的查询。

9.6　添加字段

字段可以通过双击直接添加到选项部分，每个字段都会通过逗号分隔，这是程序自动添加的。在从不同表中添加字段的情况下，必须在 From 区域通过 Join 正确连接表。Join 连接的类型有多种，如图9-6 所示。

● LEFT JOIN。此语句返回左边表（TABLE1）所有的行，匹配的行在右边表（TABLE2）中，如果右边没有匹配内容，则结果是 NULL。

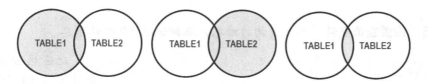

图 9-6 Join 连接的类型

● RIGHT JOIN。此语句返回右边表（TABLE2）所有的行，匹配的行在左边表（TABLE1）中，如果左边没有匹配内容，则结果是 NULL。

● INNER JOIN。此语句选择两个表中相互匹配的内容。

连接的表必须共享具有公共数据内容的字段，如图 9-7 所示。在本例中，LEFT JOIN 连接了 location 和 translated text 两个表，判断的条件是具有相同的 ID：location ID。

图 9-7 连接的表

步骤5 **添加字段** 展开 tew_translatedtext 表，双击"tew_translatedtext. tra_0"字段。在"FROM"部分填写图 9-8 所示内容。

```
SELECT
tew_location.loc_text AS loc_text
, tew_translatedtext.tra_0 AS tra_0
FROM
tew_location
LEFT JOIN
tew_translatedtext
ON
tew_translatedtext.tra_objectid = tew_location.loc_id
```

图 9-8 FROM 部分内容

⚠️ **注意** location ID 连接了两个表，字段将会返回工程中位置 tra_o 的说明。

9.7 筛选字段

程序中的很多字段都具有多语言选项，因此可以用英语、法语、德语输入位置或工程说明。所有的语言说明都保存在"tew_translatedtext"表中。为了在相关语言中进行描述，可以通过强制代码%PROJECT_LNG_CODE% 自动获取当前工程的主要语言。

提示👇 当使用语句时，在程序中拼写""或''都是无效的。这些可以用]][[代替。

其他连接符也可以用于连接两个表：

● AND。如果第一个条件和第二个条件都为真，则此运算符显示记录。

步骤6 设置查询条件 单击查询的结尾，添加如图9-9所示信息。

```
SELECT
tew_location.loc_text AS loc_text
, tew_translatedtext.tra_0 AS tra_0
, tew_location.loc_id AS loc_id
 FROM
tew_location
LEFT JOIN
tew_translatedtext
ON
tew_translatedtext.tra_objectid = tew_location.loc_id
AND
(tew_translatedtext.tra_strobjectid = ]]loc[[
AND
tew_translatedtext.tra_lan_strid = ]]%PROJECT_LNG_CODE%[[)
```

注意

此连接并不仅仅显示位置的 ID，也显示了说明信息。语言从 translated text 表（tra_lan_strid 字段）中读取，匹配当前工程语言（% PROJECT_LNG_CODE% ）。

图9-9 查询条件

单击【测试】，确保没有输入错误，如图9-10所示。单击【确定】。

步骤7 删除列 在【列】中单击【删除列】。多选除前两列之外的其他列，单击【确定】，从报表中移除这些数据。当提示有10个被选中元素删除时，单击【确定】。

步骤8 修改列 在【列】中单击第一列的表头区域，更名为"Location Mark"。单击"fx 内容"字段，在列属性中单击【fx】按钮。选择变量 loc_text，单击【添加简单格式】，单击【确定】，返回报表配置管理器。重复操作，添加图9-11所示数据。单击【应用】/【测试】。

图9-10 查询结果

图9-11 修改列

步骤9 创建超链接 单击 Location Mark 的【转至】。应用图9-12所示设置，单击【确定】。单击【关闭】，如果有信息提示，单击【确定】。

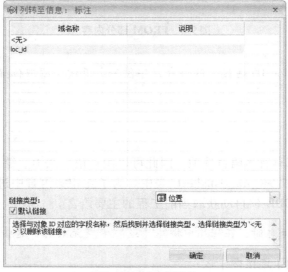

图9-12 创建超链接

104

步骤10　**运行报表**　单击【关闭】，离开配置管理器，在【工程】中单击【报表】▦。单击【添加】▯，选择新建的报表"工程位置"，单击【确定】，如图9-13所示。单击【关闭】。

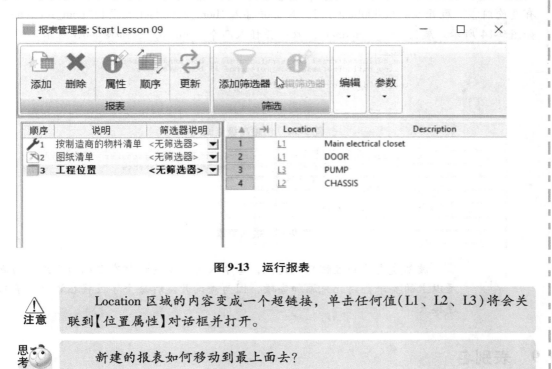

图9-13　运行报表

⚠️ **注意**　Location 区域的内容变成一个超链接，单击任何值(L1、L2、L3)将会关联到【位置属性】对话框并打开。

思考　新建的报表如何移动到最上面去?

9.8　编写复杂的查询

更复杂的查询可以在 SELECT 语句后面通过 UNION 来连接。UNION 有两种类型，其结果也不同，如下所示:

- UNION: 连接两个或多个 SELECT 语句，但默认情况下只显示不同的数据，忽略重复的数据。
- UNION ALL: 也用于连接两个或多个 SELECT 语句，但可以显示重复数据。

为了更好地使用 UNION，所有的 SELECT 语句都必须具有相同数量的列，且列中必须包含相同类型的数据。

在查询创建过程中，将会创建包含设备型号的 BOM。为了获得复杂的结果，此处将不仅包含应用于设备的设备型号，也包含已应用于位置的设备型号。这需要两个 SELECT 语句，所有数据基本相同，只是一个用于设备，另一个用于位置。UNION ALL 可以实现这些语句的效果。此连接类型可以多次应用相同的数据，而 UNION 则可以去除重复内容。

操作步骤

步骤1　**创建新报表**　单击【配置】/【报表模板】▦，选择位置报表，单击【复件】▯，再单击【确定】，编辑新的文件。按如下内容更改报表数据，单击【应用】。

- 名称: BOM。
- 类型: 设备型号。

105

● 说明：Bill of Materials（with cabinets，ducts，rails）。

步骤2 **创建高级查询** 单击【专家模式激活】，单击【确定】。单击【编辑】，删除已有查询内容，展开 tew_buildofmaterial，双击并插入"bom_manufacturer"和"bom_reference"，如图9-14所示。展开 tew_component，双击并插入两个"com_tag"，如图9-15所示。

```
SELECT
tew_buildofmaterial.bom_manufacturer AS bom_manufacturer
, tew_buildofmaterial.bom_reference AS bom_reference
FROM
tew_buildofmaterial
```

图9-14 创建高级查询

```
SELECT
tew_buildofmaterial.bom_manufacturer AS bom_manufacturer
, tew_buildofmaterial.bom_reference AS bom_reference
, tew_component.com_tag AS com_tag
, tew_component.com_tag AS com_tag
FROM
tew_buildofmaterial
```

图9-15 插入变量

⚠️ **注意** 该创建查询的过程只是建议，每个人对建立查询都有自己的方式。为满足以上的要求，因此先添加字段，因为查询开发时每个字段将在添加后直接连接表。

9.9 表别名

如果一个字段有多个目的，那么可以要求它插入两次。为了避免冲突，需要为表添加别名。在本句中，tew_component 表的 com_tag 字段用于描述设备，也用于代表端子排名称，因此使用了两次。别名对表和字段的工作方式相同，通过 AS 注明。

步骤3 **添加 LEFT JOIN** 单击【应用】/【测试】，单击【取消】。在 FROM 语句部分为 tew_component 添加 LEFT JOIN。此连接需要建立在 tew_buildofmaterial.bom_objectid = tew_component.com_id 上。图9-16所示为代码，图9-17所示为数据字段。

```
SELECT
tew_buildofmaterial.bom_manufacturer AS bom_manufacturer
, tew_buildofmaterial.bom_reference AS bom_reference
, tew_component.com_tag AS com_tag
, tew_component.com_tag AS com_tag
FROM
tew_buildofmaterial
LEFT JOIN tew_component
ON
(tew_buildofmaterial.bom_objectid = tew_component.com_id)
```

图9-16 LEFT JOIN 代码

 提示 建议尽可能多地复制和粘贴数据，可以减少输入错误。一个逗号、括号的遗漏或名称拼写错误都会导致整个查询无效。

在 SELECT 部分更改第二个表的字段和别名，把 tew_component.com_tag AS com_tag 改成 tew_component_parent.com_tag AS parent_com_tag。在 FROM 部分重复此过程，复制最后一个 LEFT JOIN tew_component 信息，粘贴在查询的结尾，如图9-18所示。

	bom_id	bom_objectid	bom_o...	bom...	bom_reference	bom_familycode	bom_manufacturer
1	23256	23254	0	0	04251	T	Legrand
2	23649	23647	0	0	E2K-L13MC1	B	OMRON
3	23662	23660	0	0	LC1D1210B7	K	Telemecanique
4	23678	23676	0	0	04453	S	Legrand
5	23701	23699	0	0	3SB1212-6BE06	H	Siemens
6	23706	23704	0	0	E2K-L26MC1	B	OMRON
7	23710	23708	0	0	18039	S	Merlin Gerin
8	24920	24474	0	0	011512914	X	Entrelec
9	24921	24483	0	0	011512914	X	Entrelec
10	24923	24908	0	0	011512914	X	Entrelec
11	24924	24917	0	0	011512914	X	Entrelec
12	24925	24918	0	0	011512914	X	Entrelec
13	24926	24919	0	0	011512914	X	Entrelec

	com_id	com_loc_id	com_fun_id	com_com_id	com_tag	com_fam_code	com_tagordemo	cc
1	23254	23174	2	-1	T1	T	1	0
2	23647	4776	2	-1	B1	B	1	0
3	23654	23174	2	-1	X1	X	1	0
4	23660	23174	2	-1	KM1	K	1	0
5	23676	4775	2	-1	S1	S	1	0
6	23699	4775	2	-1	H1	H	1	0
7	23704	4776	2	-1	B2	B	2	0
8	23708	4775	2	-1	S2	S	2	0
9	24474	23174	2	23654	7	X	7	0
10	24483	23174	2	23654	6	X	6	0
11	24908	23174	2	23654	8	X	8	0
12	24917	23174	2	23654	1	X	1	0
13	24918	23174	2	23654	2	X	2	0

图 9-17 数据字段

```
SELECT
tew_buildofmaterial.bom_manufacturer AS bom_manufacturer
 , tew_buildofmaterial.bom_reference AS bom_reference
 , tew_component.com_tag AS com_tag
 , tew_component_parent.com_tag AS parent_com_tag
 FROM
tew_buildofmaterial
LEFT JOIN tew_component
ON
(tew_buildofmaterial.bom_objectid = tew_component.com_id)
LEFT JOIN tew_component
ON
(tew_buildofmaterial.bom_objectid = tew_component.com_id)
```

图 9-18 粘贴信息

为 tew_component 添加别名 tew_component_parent，在 tew_component_parent. com_id = tew_component. com_com_id 上创建连接关系，如图 9-19 所示。

```
SELECT
tew_buildofmaterial.bom_manufacturer AS bom_manufacturer
 , tew_buildofmaterial.bom_reference AS bom_reference
 , tew_component.com_tag AS com_tag
 , tew_component_parent.com_tag AS parent_com_tag
 FROM
tew_buildofmaterial
LEFT JOIN tew_component
ON
(tew_buildofmaterial.bom_objectid = tew_component.com_id)
LEFT JOIN tew_component AS tew_component_parent
ON
(tew_component_parent.com_id = tew_component.com_com_id)
```

图 9-19 创建连接关系

注意 选中的内容表示表格的别名已经匹配。component 的 com_com_id 字段用于连接端子排的端子编号，如图 9-20 所示。

	com_id	com_loc_id	com_fun_id	com_com_id	com_tag	com_fam_code	com_tagordemo	cc
1	23254	23174	2	-1	T1	T	1	0
2	23647	4776	2	-1	B1	B	1	0
3	23654	23174	2	-1	X1	X	1	0
4	23660	23174	2	-1	KM1	K	1	0
5	23676	4775	2	-1	S1	S	1	0
6	23699	4775	2	-1	H1	H	1	0
7	23704	4776	2	-1	B2	B	2	0
8	23708	4775	2	-1	S2	S	2	0
9	24474	23174	2	23654	7	X	7	0
10	24483	23174	2	23654	6	X	6	0
11	24908	23174	2	23654	8	X	8	0
12	24917	23174	2	23654	1	X	1	0
13	24918	23174	2	23654	2	X	2	0

图 9-20 com_com_id 字段

单击【应用】和【确定】，查询结果如图 9-21 所示。单击【确定】，关闭预览。

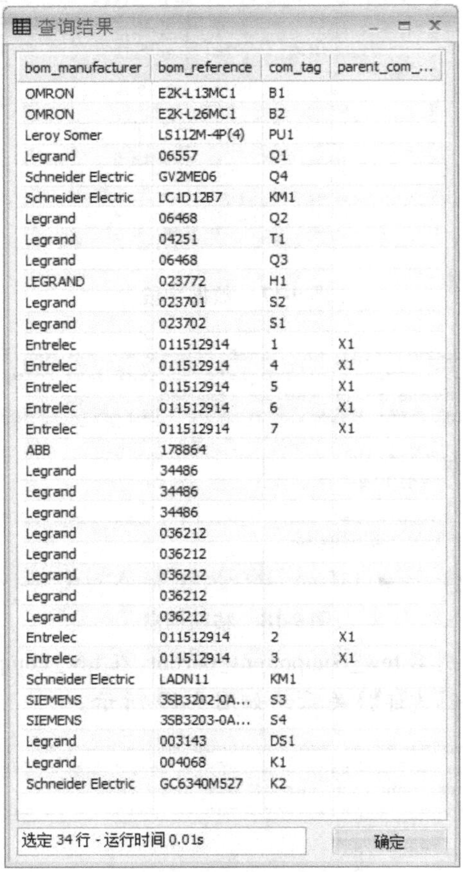

bom_manufacturer	bom_reference	com_tag	parent_com_...
OMRON	E2K-L13MC1	B1	
OMRON	E2K-L26MC1	B2	
Leroy Somer	LS112M-4P(4)	PU1	
Legrand	06557	Q1	
Schneider Electric	GV2ME06	Q4	
Schneider Electric	LC1D12B7	KM1	
Legrand	06468	Q2	
Legrand	04251	T1	
Legrand	06468	Q3	
LEGRAND	023772	H1	
Legrand	023701	S2	
Legrand	023702	S1	
Entrelec	011512914	1	X1
Entrelec	011512914	4	X1
Entrelec	011512914	5	X1
Entrelec	011512914	6	X1
Entrelec	011512914	7	X1
ABB	178864		
Legrand	34486		
Legrand	34486		
Legrand	34486		
Legrand	036212		
Legrand	036212		
Legrand	036212		
Legrand	036212		
Legrand	036212		
Entrelec	011512914	2	X1
Entrelec	011512914	3	X1
Schneider Electric	LADN11	KM1	
SIEMENS	3SB3202-0A...	S3	
SIEMENS	3SB3203-0A...	S4	
Legrand	003143	DS1	
Legrand	004068	K1	
Schneider Electric	GC6340M527	K2	

选定 34 行 - 运行时间 0.01s   确定

图 9-21   查询结果

9.10   用户数据

用户数据可以用于任何数据，例如在 ERP 中的用户数据可以用于价格、供应商、库存等。表连接的方式将决定用户数据读取的位置。下面介绍的内容是取自 buildofmaterial 表的用户数据，数据来自于制造商设备型号参数。

步骤 4   定义用户数据   展开 tew_userdata 表，双击插入"use_data0"，更改别名为"unit_price"。在字段 use_objectid 上创建 LEFT JOIN，连接 tew_userdata 表和 tew_buildofmaterial bom_id 字段，如图 9-22 所示。

```
SELECT
tew_buildofmaterial.bom_manufacturer AS bom_manufacturer
, tew_buildofmaterial.bom_reference AS bom_reference
, tew_component.com_tag AS com_tag
, tew_component_parent.com_tag AS parent_com_tag
, tew_userdata.use_data0 AS unit_price
FROM
tew_buildofmaterial
LEFT JOIN tew_component
ON
(tew_buildofmaterial.bom_objectid = tew_component.com_id)
LEFT JOIN tew_component AS tew_component_parent
ON
(tew_component_parent.com_id = tew_component.com_com_id)
LEFT JOIN tew_userdata
ON
(tew_userdata.use_objectid = tew_buildofmaterial.bom_id)
```

图 9-22   定义用户数据

9.11 计数器

在查询中可以使用计数器赋予每个条目为 1，这样可以自动计算数量。计数器也可以在字段中创建，使用函数来忽略错误的条目。当前的查询表明第一个用户数据字段将会储存设备的单价。CAST 函数可以转变数据类型，也可用于控制字段返回格式。REAL 与 CASE 函数结合使用时，将自动返回数值并将值向上舍入。

步骤 5 添加计数器 在 unit_price 下方增加计数器"1 AS % ELEMENT_COUNT%"，如图 9-23 所示。

```
SELECT
tew_buildofmaterial.bom_manufacturer AS bom_manufacturer
, tew_buildofmaterial.bom_reference AS bom_reference
, tew_component.com_tag AS com_tag
, tew_component_parent.com_tag AS parent_com_tag
, tew_userdata.use_data0 AS unit_price
, 1 AS %ELEMENT_COUNT%
 FROM
tew_buildofmaterial
LEFT JOIN tew_component
ON
(tew_buildofmaterial.bom_objectid = tew_component.com_id)
LEFT JOIN tew_component AS tew_component_parent
ON
(tew_component_parent.com_id = tew_component.com_com_id)
LEFT JOIN tew_userdata
ON
(tew_userdata.use_objectid = tew_buildofmaterial.bom_id)
```

图 9-23 添加计数器

步骤 6 添加总价 在计数器下方添加新行用于计算总价，如图 9-24 所示。

```
SELECT
tew_buildofmaterial.bom_manufacturer AS bom_manufacturer
,tew_buildofmaterial.bom_reference AS bom_reference
,tew_component.com_tag AS com_tag
,tew_component_parent.com_tag AS parent_com_tag
,tew_userdata.use_data0 AS unit_price
,1 AS %ELEMENT_COUNT%
,CAST (tew_userdata.use_data0 AS REAL) AS total_prices

FROM
tew_buildofmaterial

LEFT JOIN tew_component
ON
tew_buildofmaterial.bom_objectid = tew_component.com_id

LEFT JOIN tew_component as tew_component_parent
ON
tew_component_parent.com_id = tew_component.com_com_id

LEFT JOIN tew_userdata
ON
tew_userdata.use_objectid = tew_buildofmaterial.bom_id
```

图 9-24 添加新行

9.12 设备型号说明

设备型号的说明可采用多种语言，所有信息都储存在 tew_translatedtext 表中。需要将 tra_0 字段添加到查询中(用于获取说明信息)。

如图 9-25 所示，设备型号属性已经定义了说明信息，这些说明可翻译并连接到字段 0。

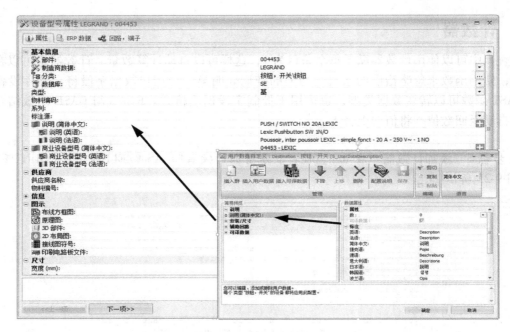

图 9-25   设备型号说明

步骤 7   添加设备型号说明   在 total_price 下方添加 translatedtext 表的 tra_0 字段，别名为 translatedtext_part 和 part_desc，如图 9-26 所示。

```
SELECT
tew_buildofmaterial.bom_manufacturer AS bom_manufacturer
, tew_buildofmaterial.bom_reference AS bom_reference
, tew_component.com_tag AS com_tag
, tew_component_parent.com_tag AS parent_com_tag
, tew_userdata.use_data0 AS unit_price
, 1 AS %ELEMENT_COUNT%
, CONVERT (REAL, tew_userdata.use_data0) AS total_price
, tew_translatedtext_part.tra_0 AS part_desc
  FROM
tew_buildofmaterial
LEFT JOIN tew_component
ON
(tew_buildofmaterial.bom_objectid = tew_component.com_id)
LEFT JOIN tew_component AS tew_component_parent
ON
(tew_component_parent.com_id = tew_component.com_com_id)
LEFT JOIN tew_userdata
ON
(tew_userdata.use_objectid = tew_buildofmaterial.bom_id)
```

图 9-26   添加设备型号说明

此处需要添加 LEFT JOIN，连接 translatedtext 的 tra_objectid 字段和 buildofmaterial 的 bom_id 字段，以及筛选 translatedtext 表以仅包含在当前工程语言中定义为 BOM 的对象，如图 9-27 所示。单击【应用】/【测试】，浏览查询内容，单击【确定】。

步骤 8   添加列   在列中更改已有的列说明和公式，如下：

- 标题：Manufacturer。
- 内容：bom_manufacturer。
- 标题：Parts。
- 内容：bom_reference。

单击【添加列】📇创建多个列说明和关联变量格式，如图 9-28 所示。

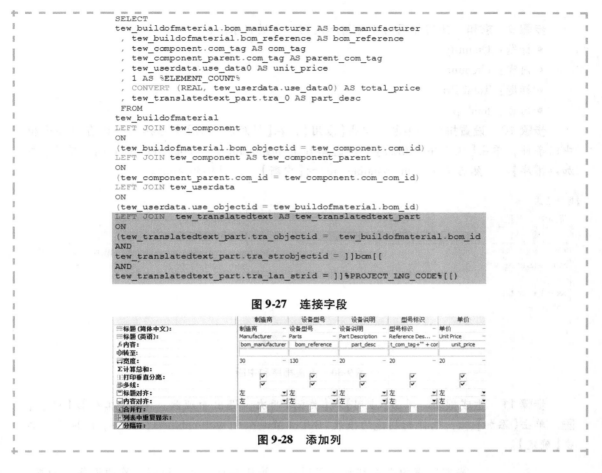

图 9-27　连接字段

图 9-28　添加列

9.13　总价

创建列时可以通过勾选复选框来创建合并单元的总和，如图 9-29 所示。使用该选项后，总价就可以由数量和单价来计算了。

图 9-29　设置总价

步骤9　**求和**　使用相同的步骤增加两列，并进行求和。

● 标题：Quantity。

● 内容：eltcount。

● 标题：Total Price。

● 内容：total_price。

步骤10　**设置排序和中断**　单击【应用】，在【排序和中断】中选择三个已有的排序和中断条件，单击【从排序中删除】←。选择 bom_maufacturer 和 bom_reference 列，单击【添加以排序】➡，然后单击 bom_manufacturer 的【中断】，如图 9-30 所示。

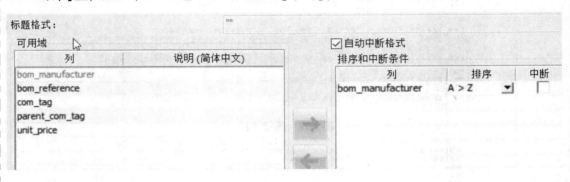

图 9-30　设置排序和中断

步骤11　**生成报表**　单击【应用】和【关闭】两次，退出管理器。单击【工程】/【报表】▦，单击【添加】⬚，选择新创建的报表"Bill of Materials(with cabinets, ducts, rails)"，单击【确定】。

> ⚠ **注意**　当前所有的报表都会分别列出，并且不会显示应用到位置的设备，如图 9-31 所示。

▲	➡	制造商	型号	设备说明	标注	单价	数量	总价
17		Legrand	036212	Lina duct 25 - 60x60			1	0
18		Legrand	036212	Lina duct 25 - 60x60			1	0
19		Legrand	04251	16 VA	T1		1	0
20		Legrand	06468	热磁断路器LEXIC DX 6000 - 2P - 400 V~ - 16 A	Q3		1	0
21		Legrand	06468	热磁断路器LEXIC DX 6000 - 2P - 400 V~ - 16 A	Q2		1	0
22		Legrand	06557	热磁断路器 -4P 3A	Q1	157	1	157
23		Legrand	34486	Rail EN 50022 for Altis - for cabinet l. 600mm - L rail 490 mm			1	0
24		Legrand	34486	Rail EN 50022 for Altis - for cabinet l. 600mm - L rail 490 mm			1	0
25		Legrand	34486	Rail EN 50022 for Altis - for cabinet l. 600mm - L rail 490 mm			1	0
26		Leroy So...	LS112M-4...	三项电机 - 4P - F	PU1		1	0
27		OMRON	E2K-L13M...	E2K-L 液位传感器	B1		1	0
28		OMRON	E2K-L26M...	E2K-L 液位传感器	B2		1	0

图 9-31　生成报表

9.14　定位设备型号

在进一步编辑查询包含已使用的设备型号时，位置表中数据与设备表中数据基本相同，本质上就是用位置代替设备。在 component 和 buildofmaterials 两个表中使用到的另一种连接方式，就是用 INNER JOIN，如此仅显示应用到设备中的设备型号。

步骤12 添加 UNION ALL 单击【属性】❶，单击【专家模式激活】，单击【确定】。在【SQL 查询】中单击【编辑】，修改查询。更改 tew_component. com_id 和 buildofmaterial. bom_objectid 的 LEFT JOIN 为 INNER JOIN。在查询的结尾使用 UNION ALL。复制以上所有内容粘贴到 UNION ALL 下方，如图 9-32 所示。

```
SELECT
tew_buildofmaterial.bom_manufacturer AS bom_manufacturer
, tew_buildofmaterial.bom_reference AS bom_reference
, tew_component.com_tag AS com_tag
, tew_component_parent.com_tag AS parent_com_tag
, tew_userdata.use_data0 AS unit_price
, 1 AS %ELEMENT_COUNT%
, CONVERT (REAL, tew_userdata.use_data0) AS total_price
, tew_translatedtext_part.tra_0 AS part_desc
 FROM
tew_buildofmaterial
INNER JOIN tew_component
ON
(tew_buildofmaterial.bom_objectid = tew_component.com_id)
LEFT JOIN tew_component AS tew_component_parent
ON
(tew_component_parent.com_id = tew_component.com_com_id)
LEFT JOIN tew_userdata
ON
(tew_userdata.use_objectid = tew_buildofmaterial.bom_id)
LEFT JOIN  tew_translatedtext AS tew_translatedtext_part
ON
(tew_translatedtext_part.tra_objectid =  tew_buildofmaterial.bom_id
AND
tew_translatedtext_part.tra_strobjectid = ]]bom[[
AND
tew_translatedtext_part.tra_lan_strid = ]]%PROJECT_LNG_CODE%[[()

UNION ALL

SELECT
tew_buildofmaterial.bom_manufacturer AS bom_manufacturer
, tew_buildofmaterial.bom_reference AS bom_reference
, tew_component.com_tag AS com_tag
, tew_component_parent.com_tag AS parent_com_tag
, tew_userdata.use_data0 AS unit_price
, 1 AS %ELEMENT_COUNT%
, CONVERT (REAL, tew_userdata.use_data0) AS total_price
, tew_translatedtext_part.tra_0 AS part_desc
 FROM
tew_buildofmaterial
INNER JOIN tew_component
ON
(tew_buildofmaterial.bom_objectid = tew_component.com_id)
LEFT JOIN tew_component AS tew_component_parent
ON
(tew_component_parent.com_id = tew_component.com_com_id)
LEFT JOIN tew_userdata
ON
(tew_userdata.use_objectid = tew_buildofmaterial.bom_id)
LEFT JOIN  tew_translatedtext AS tew_translatedtext_part
ON
(tew_translatedtext_part.tra_objectid =  tew_buildofmaterial.bom_id
AND
tew_translatedtext_part.tra_strobjectid = ]]bom[[
AND
tew_translatedtext_part.tra_lan_strid = ]]%PROJECT_LNG_CODE%[[()
```

图 9-32 UNION ALL 代码

步骤13 替换位置 更改查询的后半部分，如图 9-33 所示，将 component 替换为 location。单击【应用】/【测试】和【确定】。在【列】中完成如图 9-34 所示设置。

单击【应用】/【测试】和【确定】，关闭预览，单击【关闭】退出报表属性编辑。单击【生成图纸】，选择"Bill of Materials(with cabinets, ducts, rails)"，单击【关闭】退出管理器。打开新建的 BOM 报表图纸，浏览内容，如图 9-35 所示。

```
UNION ALL
SELECT
tew_buildofmaterial.bom_manufacturer AS bom_manufacturer
, tew_buildofmaterial.bom_reference AS bom_reference
, tew_location.loc_text AS com_tag
, tew_location_parent.loc_text AS parent_com_tag
, tew_userdata.use_data0 AS unit_price
, 1 as %ELEMENT_COUNT%
, convert (real,tew_userdata.use_data0) as total_prices
, tew_translatedtext_part.tra_0 AS part_desc

FROM
tew_buildofmaterial

inner join tew_location
on
tew_buildofmaterial.bom_objectid = tew_location.loc_id

left join tew_location as tew_location_parent
on
tew_location_parent.loc_id = tew_location.loc_loc_id

left join tew_userdata
on
tew_userdata.use_objectid = tew_buildofmaterial.bom_id
left join tew_translatedtext as tew_translatedtext_part
on
tew_translatedtext_part.tra_objectid = tew_buildofmaterial.bom_id
and
tew_translatedtext_part.tra_strobjectid = ]]bom[[
and
tew_translatedtext_part.tra_lan_strid = ]]%PROJECT_LNG_CODE%[[
```

图 9-33 替换位置

图 9-34 完成列设置

Manufacturer	Parts	Part Description	Reference Designator	Unit Price	Quantity	Total Price
ABB	178864	700x650x250 METAL CABINET	CAB1	125.40	1	125.4
Entrelec	011512914	DIN Rail Mount Terminal Block DIN Rail Mount Terminal Block DIN Rail Mount Terminal Block DIN Rail Mount Terminal Block DIN Rail Mount Terminal Block DIN Rail Mount Terminal Block DIN Rail Mount Terminal Block DIN Rail Mount Terminal Block	X17 X16 X18 X11 X12 X13 X15 X14	1.89	8	15.12
Legrand	006482		F4	3.5	1	3.5
Legrand	04251	Density transfomer LEXIC - 16 V A	T1	23.40	1	23.4
Legrand	04453	Push button LEXIC - simple func - 20 A - 250 V~ - 1 NO	S1	2.75	1	2.75
Legrand	06557		F1	5.65	1	5.65
Legrand	06468		F2 F3	7.49	2	14.98
Legrand	034486		R1 R2	0.85	2	1.7
Legrand	036206		D1 D2	0.65	2	1.3
Legrand	036202		D3 D4 D5	0.65	3	1.95
Legrand	034486		R3	0.85	1	0.85
Leroy Somer	LS112M-4P(4)	3-PHASE MOTOR	PU1	95	1	95
Merlin Gerin	18039	MODULAR PUSH BUTTON WITH PILOT LIGHT BP - GREY, RED LIGHT - 12...48 V - 1 NC	S2	3.5	1	3.5
OMRON	E2K-L13MC1	E2K-L LIQUID LEVEL SENSOR	B1	7.2	1	7.2
OMRON	E2K-L26MC1	E2K-L LIQUID LEVEL SENSOR	B2	7.2	1	7.2
Schneider Electric	NSYCRN65200	IP66 steel door enclosure CRN 600X500X200mm one plain door	L1 L2	156.41	1	156.41
Siemens	3SB1212-6BE06	INDICATOR LIGHT, 22MM W,GROOVES COMPLETE WITH LAMP HOLDER BA 9S WITH INTEGRATED VOLTG REDUCER AND INCANDESCENT LAMP OPERATING V.	H1	1.25	1	1.25
Telemecanique	LC1D1210B7	12A COIL	KM1	12	1	12

图 9-35 浏览报表

练习 报表的创建

本练习将创建报表，以识别工程中未分配设备型号的设备。
本练习将使用以下技术：

- 创建报表。
- 添加字段。
- LEFT JOIN。

- 测试报表查询。
- 添加列。
- 生成报表。

操作步骤

开始本练习前解压缩并打开 Start_Exercise_08. proj，文件位于文件夹 Lesson08\Exercises 内。

步骤1　创建报表　单击【工程】/【配置】/【报表】。将 BookRevision_Metric 添加到工程。将文档名称的说明改为"Components without Parts"，类型为【设备型号】。

步骤2　建立查询　单击【专家模式激活】，删除所有查询内容，添加以下字段。

- component 表 com_tag 字段。
- buildofmaterial 表 bom_manufacturer 和 reference 字段。

步骤3　添加 LEFT JOIN　添加 LEFT JOIN，连接 tew_component 和 buildofmaterial 表，使用 bom_objectid 和 com_id 字段，bom_reference 设为 Null。

步骤4　测试　单击【应用】和【测试】。

步骤5　创建别名　更改 com_tag 别名为"Component_Mark"，单击【应用】和【测试】，如图9-36所示。

步骤6　创建列　单击列，删除除第一列之外的所有列。更改 Revision 列的标题为"Component Mark"，设置变量为 Component_Mark，设置列宽为"40"。

步骤7　浏览工程报表　保存更改，打开【报表管理器】，单击【添加】，添加新报表并预览结果信息，如图9-37所示。

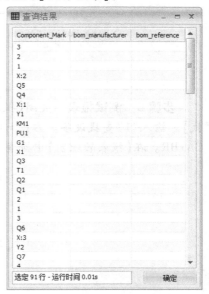

图 9-36　查询结果

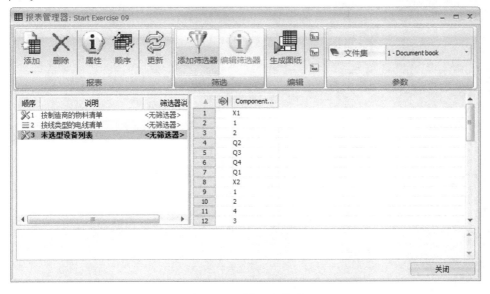

图 9-37　浏览工程报表

● **报表查询** 完整的报表查询信息如图 9-38 所示，字段名称表示它们包含的表，所以 Components 表中任何字段都会使用 com 作为前缀。制造商和设备型号字段不需要在报表中添加了，因为报表返回的结果是未选择设备型号和制造商的设备数据。使用的 JOIN 将会在 buildofmaterials 表中查找用于创建 BOM 报表的匹配设备 ID。如果设备没有分配设备型号，则这些数据不会出现在报表中，这就是报表返回 Null 值的原因。

```
SELECT
tew_component.com_tag AS Component_Mark
 , tew_buildofmaterial.bom_manufacturer AS bom_manufacturer
 , tew_buildofmaterial.bom_reference AS bom_reference
 FROM
tew_component
LEFT JOIN
tew_buildofmaterial
ON
(tew_buildofmaterial.bom_objectid = tew_component.com_id)
where tew_buildofmaterial.bom_reference Is Null
```

图 9-38 报表查询信息

步骤 8 测试报表 关闭【报表管理器】，单击设备导航器，右击工程名称，选择【查找】。输入"1"查找设备。右击 =F1-X1 1，选择【属性】，应用设备型号 Allen-Bradley 1492-CA1BR。在【报表管理器】中检查报表内容，确认 X1 1 已经从列表中删除。

第 10 章　创建装配体

10.1　装配体的概念

SOLIDWORKS Electrical 3D 中的装配体也是 SOLIDWORKS 装配体,如图 10-1 所示。SOLID-WORKS Electrical 会根据原理图内容自动创建空装配体文件,再将 3D 零件装配至装配体,并赋予电气属性。

装配体的创建基于工程的位置属性,因此即便再复杂的项目也可以划分成不同的管理区域,这种方式也便于多个工程师同时工作于不同的区域,实现协同设计。除了基于位置的装配体之外,工程会生成一个顶层的工程装配体,便于插入位置装配体。

在装配体中,工程师可以插入位置内的设备零件,包括位置下包含的子位置设备零件,例如门或面板等。在工程装配体中,所有工程使用到的设备零件都可以插入。顶层的工程装配体包含了所有的位置。当工程创建了位置装配体后,在工程装配体中加载位

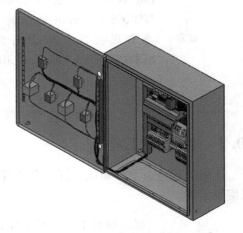

图 10-1　SOLIDWORKS 装配体

置装配体只需要一步就可以完成。现有的 SOLIDWORKS 装配体可以通过覆盖现有的工程装配体来重复使用,SOLIDWORKS 零件可以与现有的电气设备相关联。

10.2　设计流程

主要操作步骤如下:

1. 解压缩工程　压缩文件是储存所有工程数据到一个文件的最好方法。这些文件在使用前需要解压缩。

2. 打开 SOLIDWORKS 已有工程　SOLIDWORKS Electrical 可以打开并浏览已经完成的电气原理图。

3. 创建 SOLIDWORKS 装配体　创建工程装配体和位置装配体,并将其添加到【电气工程文件】。

4. 使用 SOLIDWORKS 已有装配体　更改空位置装配体名称，使用已有装配体替换空装配体。

5. 插入位置装配体　将位置装配体插入到工程装配体中。

操作步骤

解压缩已有 SOLIDWORKS Electrical 工程，浏览页面设置，生成装配体并重命名空装配体，插入装配体至顶层工程装配体。

步骤 1　启动 SOLIDWORKS　启动 SOLIDWORKS 软件。

步骤 2　启用插件　单击【工具】/【插件】，选择：

● 【SOLIDWORKS Electrical】。

● 【SOLIDWORKS Routing】。

单击【确定】，如图 10-2 所示。

> ⚠ **注意**　如果 SOLIDWORKS Routing 不可用，不会影响 SOLIDWORKS Electrical 的性能，所有布线功能默认会包含在 SOLIDWORKS Electrical 3D 模块中。

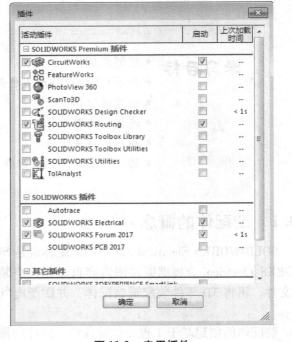

图 10-2　启用插件

10.3　解压缩工程

压缩工程是一个压缩包，打开之前需要先解压缩。压缩文件储存了所有工程信息，打开后可以编辑工程。

> ⚠ **注意**　解压缩后不会打开文件，直到在打开消息上选择【确定】。

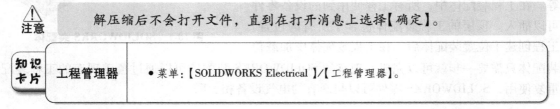

| 知识卡片 | 工程管理器 | ● 菜单：【SOLIDWORKS Electrical 】/【工程管理器】。 |

1. 单击【工程管理器】　单击【工具】/【SOLIDWORKS Electrical 】/【工程管理器】🗁，单击【解压缩】🗁。浏览到文件夹 Lesson10\Case Study，选择 Start_Lesson_10. proj 🗁 并单击【打开】。

2. 工程信息　工程对话框包含工程的文本信息。单击【确定】。

3. 消息　看到消息："是否更新数据库？"单击【更新数据】。

4. 更新数据向导　单击【选项】，单击【完成】两次，执行解压缩。单击【完成】，结束操作。看到消息："是否打开工程？"单击【是】。

10.3.1　打开 SOLIDWORKS 已有工程

使用 SOLIDWORKS Electrical Schematic 创建的 2D 工程可以在 SOLIDWORKS Electrical 3D 中

打开。现有工程列在【最近打开工程】或【所有工程】下，可以直接【打开】🗁。

知识卡片	打开工程	●【工程管理器】属性命令:【打开】🗁。

⚠ 注意　在【最近打开工程】中，已打开工程的名称用红色显示。

10.3.2　电气工程文件

【电气工程文件】用于访问工程中使用的文档、原理图、报表和 SOLIDWORKS 文件。浏览器包括 SOLIDWORKS Electrical Schematic 创建的 Training 工程的内容，如图 10-3 所示。

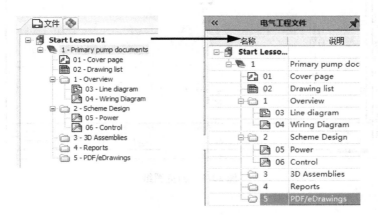

图 10-3　浏览工程

⚠ 注意　单击【自动显示】图钉，使任务面板保持打开状态。

知识卡片	电气工程文档	●任务面板:【电气工程文件】🖥。

　　步骤 3　浏览图纸　单击任务面板的【电气工程文件】🖥，展开工程、文件集和文件夹 2-Scheme Design。双击图纸"05-Power"，打开预览窗口，如图 10-4 所示。单击【关闭】隐藏窗口。

　　步骤 4　打开已有装配体　浏览到 Lesson10 \ Case Study 文件夹，解压文件 Enclosure. zip 到 SOLIDWORKS Electrical \ Projects \ 工程 ID 号 \ SOLIDWORKS 子目录。例如 C:\ ProgramData\SOLIDWORKS Electrical\Projects\90\ SOLIDWORKS。

⚠ 注意　工程 ID 是唯一的，在工程管理器中可以找到。

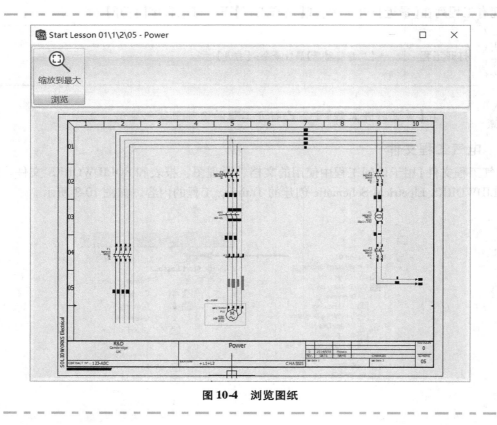

图 10-4　浏览图纸

10.4　SOLIDWORKS 装配体

【SOLIDWORKS 装配体】用于添加 SOLIDWORKS 装配体文件到工程中。文件会出现在【电气工程文件】中。

SOLIDWORKS 装配体	●菜单：【SOLIDWORKS Electrical 】/【处理】/【SOLIDWORKS 装配体】。

　注意　　SOLIDWORKS Electrical 的命名方式是通用的，装配体可以代表一台机器或一个装置。

步骤5　设置机柜　单击【工具】/【SOLIDWORKS Electrical 】/【处理】/【SOLIDWORKS 装配体】。单击 Assembly Creation 旁边的【目标】，选择文件夹"3 – 3D Assemblies"，单击【确定】。重复此过程设置 ENCLOSURE 和 PUMP。其他设置如图 10-5 所示。

步骤6　连接到已有装配体　单击 ENCLOSURE 旁边的【选择现有文件】。浏览到 SOLID-WORKS Electrical\Projects\工程 ID 号\SOLIDWORKS 子目录(保存着 ENCLOSURE. Zip 文件)。

　注意　　对现有装配体文件的位置没有约束，可以在本地计算机，也可以在网络上。

选择 ENCLOSURE. sldasm，单击【打开】，如图 10-6 所示。

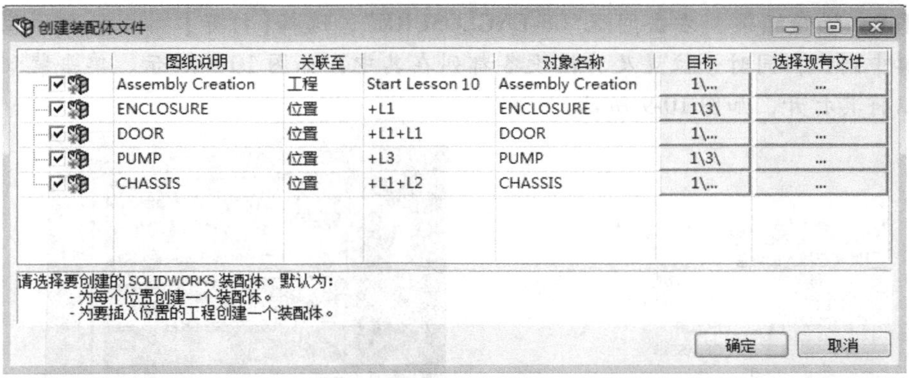

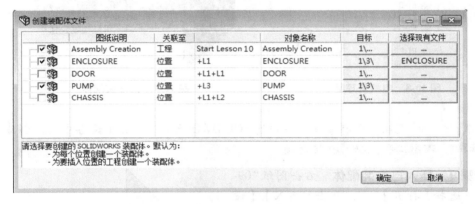

图 10-5　设置生成装配体

图 10-6　连接到已有装配体

步骤 7　创建装配体　单击【确定】，创建新装配体文件，并添加到【电气工程文件】的特定文件夹，如图 10-7 所示。

图 10-7　创建装配体

10.5　从浏览器打开 SOLIDWORKS 文件

SOLIDWORKS 文件列在【电气工程文件】中，可以从浏览器中直接打开。双击 SOLIDWORKS 文件，或右击 SOLIDWORKS 文件选择【打开】。【电气管理器】合并在特征管理器设计树中，包含工程中通过原理图创建的电气设备。展开设备名称可以看到设备型号名称。

步骤8　**检查结果**　右击图纸"08-ENCLOSURE"，选择【打开】。装配体位置在电气管理器中列出，同时子位置及其他设备都列在其中，如图 10-8 所示。单击装配体的门并拖动以将其打开，如图 10-9 所示。

图 10-8　电气管理器　　　　　　图 10-9　打开装配体

⚠️ **注意**　现在，已有零件可关联到 SOLIDWORKS Electrical 设备中，以创建与原理图工程数据的直接连接。

步骤9　**插入已有装配体**　右击图纸"09-Pump"，选择【打开】。单击【插入】/【设备】/【现有装配体】。在插入设备命令中选择【浏览】，浏览到 Lesson10\Case Study\Pump 文件夹，选择 SUMP PUMP. sldasm，单击【打开】。在【插入设备】命令中勾选【显示旋转关联工具】复选框，设置【旋转装配体 Y】为 90°，插入装配体，如图 10-10 所示。

步骤10　**关闭图纸**　单击【关闭】退出图纸，单击【保存所有】。单击【关闭】退出柜体图，单击【保存所有】，重建装配体并保存文档。

步骤11　**插入位置**　右击图纸"07-Assembly Creation"，选择【打开】。在电气管理器中右击位置"L3-PUMP"，选择【插入】，将

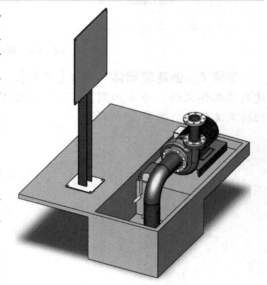

图 10-10　插入已有装配体

水泵装配体放置在页面的中间位置。重复此过程，插入位置 L1-ENCLOSURE，如图 10-11 所示。

步骤12　**添加配合**　选择机柜的背面，单击【配合】，选择相应的重合配合，如图 10-12 所示。按下〈Enter〉键确认操作，单击【关闭】，结束命令。将柜体拖放到如图 10-13 所示位置。

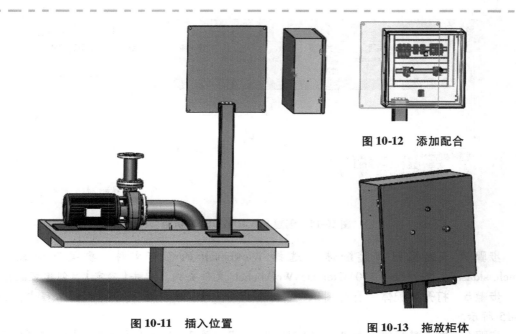

图 10-12　添加配合

图 10-11　插入位置

图 10-13　拖放柜体

⚠️ **注意**　　配合可以很精确地定位装置，但是本章为了便于学习，可以接受近似的位置。

步骤 13　关闭工程　在【电气工程文件】面板上右击工程名称，选择【关闭工程】 🗂️。
单击【保存】。

练习　装配体的创建

本练习将创建装配体，并添加 SOLIDWORKS 装配体。

本练习将使用以下技术：

- 解压缩工程。
- SOLIDWORKS 装配体。
- 连接到已有装配体。
- 插入已有装配体。

操作步骤

开始本练习前，解压缩并打开相关压缩文件。

步骤 1　解压缩并打开文件　解压缩并打开文件 Start_Exercise_10. proj，文件位于文件夹 Lesson10\Exercises 内。如果需要，可重命名并打开工程。

步骤 2　创建 SOLIDWORKS 机柜　创建 SOLIDWORKS 机柜，添加所有三个可用的装配体文件到文件夹 1-3D Assemblies，如图 10-14 所示。

步骤 3　解压数据　解压 Lesson10\Exercise 中的 Workbench. zip 到 Lesson10\Exercise\Workbench 文件夹内。

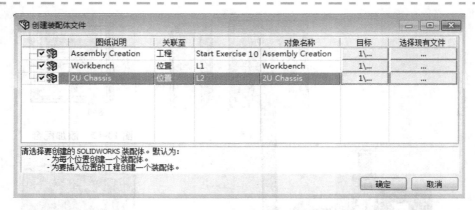

图 10-14　创建 SOLIDWORKS 机柜

步骤 4　连接已有装配体　选择 Workbench 的已有文件。要关联的文件是 Bench. sldasm，位于 Lesson10\Exercise\Workbench 文件夹内。单击【确定】，创建装配体。

步骤 5　打开装配体　打开图纸"Workbench"，确认装配体成功关联到工程中，如图 10-15 所示。

步骤 6　插入装配体　打开图纸"2U Chassis"，单击【插入】/【设备】/【已有零件或装配体】。浏览到 Lesson10\Exercises 文件夹，并解压缩 2UChassis. zip 的所有内容。打开文件夹并打开 3523. sldasm，插入装配体，如图 10-16 所示。

图 10-15　打开装配体

图 10-16　插入装配体

步骤 7　关闭工程　在【电气工程文件】面板中右击工程名称，选择【关闭工程】，单击【保存】。

第11章 机柜、导轨和线槽

学习目标
- 分配设备到位置
- 插入机柜
- 插入和修改导轨
- 插入和修改线槽

扫码看视频

11.1 机柜、导轨和线槽概述

SOLIDWORKS Electrical 适用于各种电气工程类型，针对机柜则提供特定的工具。这些命令可以快速插入标准 DIN 导轨和线槽。与标准电气元件（如熔断器、开关、PCB 等设备）不同，电气柜类设备不会出现在原理图设计中，因此不会有符号表示。没有关联符号的设备可以在 Schematic 和 3D 部分添加，但是工程师可能更愿意将它们关联到工程的位置中。分配设备型号到位置提供了根据当前装配体自动筛选设备的功能，也非常清晰地区分了设计中的电气部分和机械部分。

添加机柜（图 11-1）包含了组成机柜设备的添加（零件和装配体）以及其中的导轨和线槽。这些命令通过自动和手动的方式完成配合。

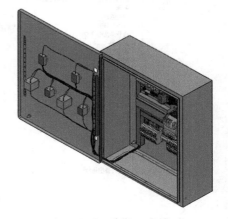

11.2 设计流程

图 11-1 机柜

主要操作步骤如下：
1. **分配设备型号** 将设备型号分配到装配体位置。
2. **插入机柜** 将机柜型号插入装配体中。
3. **插入导轨** 将导轨插入到机柜中。
4. **插入线槽** 将线槽插入到机柜中。
5. **更改长度** 更改导轨和线槽的长度。
6. **配合** 线槽相互配合，以提高视觉效果。

注意

需要一些设备型号来完成本课程，如果找不到文件，可解压缩位于 Lesson11\Case Study 文件夹内的文件，可通过【工具】/【SOLIDWORKS Electrical 】/【设备型号管理器】/【解压缩】。来解压缩文件。

操作步骤

开始本课程前，解压缩并打开文件 Start_Lesson_11. proj，文件位于文件夹 Lesson11 \ Case Study 内。使用 SOLIDWORKS 打开压缩工程，添加机柜、导轨和线槽到位置装配体，插入设备，调整长度后完成配合。

步骤 1　打开装配体　单击任务面板上的【电气工程文件】，展开工程。展开文件集，双击图纸"107-Main electrical closet"，打开装配体。

步骤 2　添加位置设备　在【电气管理器】上右击位置"L1-Main electrical closet"，选择【属性】。在【选择设备型号】中单击【查找】，输入筛选内容，如图 11-2 所示。单击【查找】并选择设备，单击【添加】。

图 11-2　输入筛选内容

步骤 3　增加设备　更改筛选条件：
- 分类：机箱，机柜\线槽。
- 制造商数据：Legrand。
- 类型：基。
- 部件：036200。

单击【查找】，选择设备，更改数量为"5"，单击【添加】。

步骤 4　添加导轨　更改筛选条件：
- 分类：机箱，机柜\导轨。
- 制造商数据：Legrand。
- 类型：基。
- 部件：034486。

图 11-3　添加导轨

单击【查找】，选择设备，更改数量为"3"，单击【添加】。单击【选择】和【确定】，将新设备型号列在位置中，如图 11-3 所示。

设备型号将会出现在 BOM 中吗？

11.3　插入设备

知识卡片	插入设备	【插入】命令用于添加设备和型号到装配体，这些设备代表机柜、导轨和线槽。设备将从【电气工程文件】创建的列表中插入。在 SOLIDWORKS 中，设备命名为"设备名称丨零件名称"，例如 K1丨1204。
	操作方法	●快捷菜单：右击设备名称，选择【插入】🗇。

步骤5　**插入设备**　右击位置零件"NSYCRN65200"，选择【插入】🗇，将设备放置在装配体中。设备名称左边的复选框被勾选，表示已经被插入到装配体中，如图 11-4 所示。

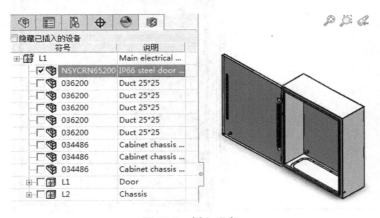

图 11-4　插入设备

11.4　插入导轨

知识卡片	导轨	【导轨】设备可以区分水平或垂直添加。这些选项决定了导轨在机柜中放置时的方向。
	操作方法	●快捷菜单：右击设备名称，选择【插入水平导轨】🗇。 ●快捷菜单：右击设备名称，选择【插入垂直导轨】🗇。

11.4.1　配合参考

SOLIDWORKS 设备(包括导轨和线槽)通常包含多个配合参考，在放置时能够自动捕捉几何位置，如图 11-5 所示。

本章中，配合参考 trewback-〈1〉用于使用重合配合将导轨放置在机柜上。trewrail35-〈1〉用于使用重合配合将较小的设备(例如熔断器)连接到导轨上，如图 11-6 所示。

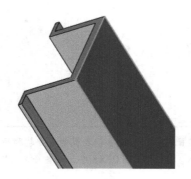

图 11-5　配合参考

图 11-6　配合设置

步骤6　插入导轨　右击设备"034486"，选择【插入水平导轨】。按图 11-7 所示单击机柜背面，单击【确定】接受配合约束。

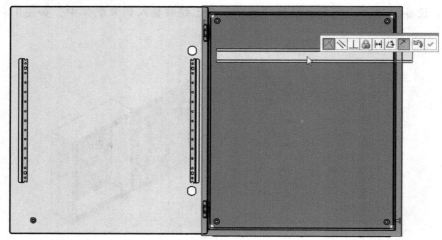

图 11-7　插入导轨

步骤7　设定尺寸　单击【定义长度】，输入"300.00mm"，单击【确定】。在 034486 设备名称旁边的复选框被勾选，如图 11-8 所示。

图 11-8　设定尺寸

步骤8　插入其他导轨　使用相同的步骤，插入另外两个导轨 034486，长度分别为 300mm 和 200mm，如图 11-9 所示。

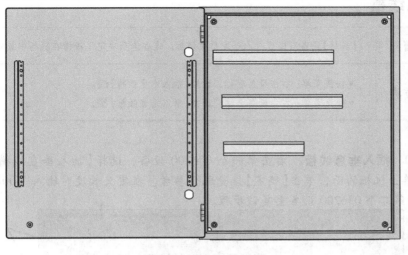

图 11-9 插入其他导轨

注意 位置不必非常精确，因为后期还需要再添加配合。

11.4.2 更改导轨或线槽长度

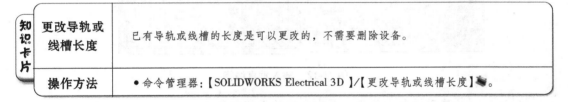

知识卡片	更改导轨或线槽长度	已有导轨或线槽的长度是可以更改的，不需要删除设备。
	操作方法	●命令管理器：【SOLIDWORKS Electrical 3D】/【更改导轨或线槽长度】。

步骤9 **更改导轨长度** 单击【更改导轨或线槽长度】，选择最下方的导轨。设置长度为"300.00mm"，如图 11-10 所示，单击【确定】，结果如图 11-11 所示。

129

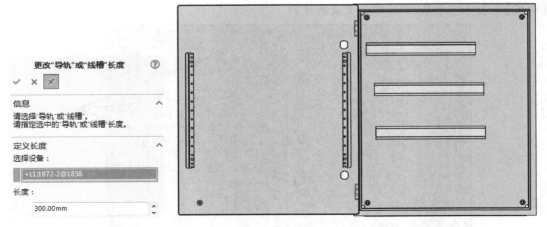

图 11-10 更改导轨长度　　　　　　　　图 11-11 更改之后的导轨长度

11. 5 插入线槽

知识卡片	线槽	【线槽】设备可以区分水平或垂直添加。这些选项决定了线槽在机柜中放置时的方向。
	操作方法	• 快捷菜单：右击设备名称，选择【插入水平线槽】。 • 快捷菜单：右击设备名称，选择【插入垂直线槽】。

步骤 10 插入垂直线槽 右击第一个 036200 设备，选择【插入垂直线槽】。按图 11-12 所示单击机柜的面，单击【确定】接受配合参考。在定义长度时输入"500mm"，单击【确定】。对第二个 036200 设备重复该步骤。

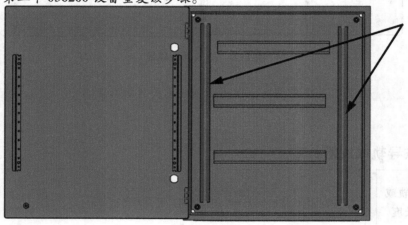

图 11-12 插入垂直线槽

⚠️ **注意**   拖动设备，放置在图中显示的近似位置。

步骤 11 插入水平线槽 右击第三个 036200 设备，选择【插入水平线槽】。按图 11-13 所示选择机柜的面，单击【确定】接受配合参考。在定义长度时输入"320mm"，单击【确定】。对第四个 036200 设备重复该步骤。

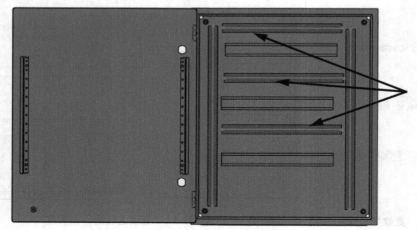

图 11-13 插入水平线槽

知识卡片	配合	SOLIDWORKS 配合用于限制设备的自由度。设备的初始位置通过配合参考添加配合，其他的添加配合是防止设备产生移动。
	操作方法	● 命令管理器：【装配体】/【配合】

使用【重合】配合使一对选定的面相互接触，如图11-14所示。

使用高级的【宽度】配合将面之间的设备居中，如图11-15所示。选项包含两对面：一对【宽度】和一对【薄片】。【薄片】面在【宽度】面之间居中以定位设备。

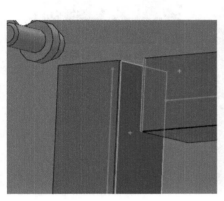

图 11-14 重合配合

图 11-15 宽度配合

步骤12 重合配合和宽度配合 使用【重合】配合和【宽度】配合连接036200设备，如图11-16所示。

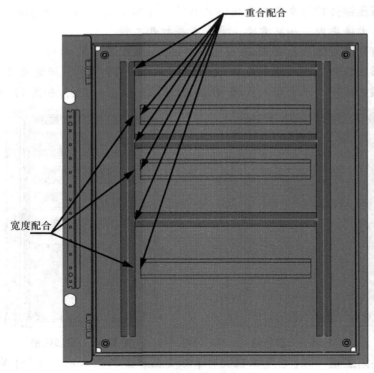

图 11-16 设置配合

131

⚠️ **注意**　三个 034486 设备依然有一定自由度，可以上下调整，如图 11-17 所示。

步骤 13　关闭工程　在【电气工程文件】面板上右击工程名称，选择【关闭工程】🗀。单击【保存】。

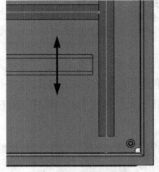

图 11-17　调整导轨

练习　添加导轨和线槽

本练习将使用提供的信息添加导轨和线槽。

本练习将使用以下技术：

- 解压缩工程。
- 插入导轨。
- 插入线槽。

操作步骤

开始本练习前解压缩并打开相关的压缩工程文件。

步骤 1　解压缩并打开文件　解压缩并打开文件 Start_Exercise_11. proj，文件位于 Lesson11\Exercises 文件夹内。如果需要，重命名并打开工程。

步骤 2　打开装配体　打开 Main electrical closet 装配体。

步骤 3　添加导轨　插入两个导轨 009213，如图 11-18 所示，指定长度为 12in。

步骤 4　添加线槽　水平插入线槽 MC25X25IG2，长度为 1in，如图 11-19 所示。

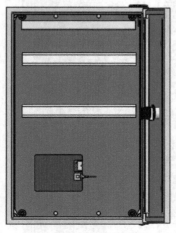

图 11-18　添加导轨

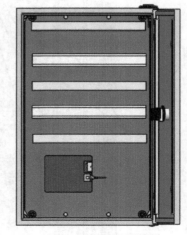

图 11-19　添加线槽

步骤 5　关闭工程　在【电气工程文件】面板上右击工程名称，选择【关闭工程】🗀，单击【保存】。

第12章 智能设备

12.1 设备的概念

设备(图 12-1)表示由设备型号和零件组成的唯一标识的组件。设备可以是 2D 原理图符号、SOLIDWORKS 零件或在 BOM 和设备清单中存在的纯数据。对设备属性做出的调整，将自动传递到 SOLIDWORKS Electrical Schematic 和 3D 中的其他关联符号中去。关联到设备的设备型号表示购买的实际装置，并作为 SOLIDWORKS 零件或装配体插入机器装置或机柜中。

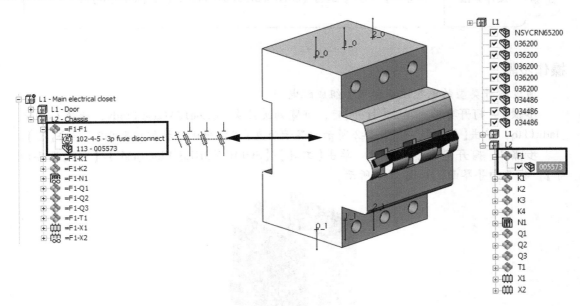

图 12-1 设备

12.1.1 智能设备概述

插入到 SOLIDWORKS Electrical 3D 中的设备需要设置配合和连接点，以达到最优的结果。配合允许插入设备并自动连接到其他装置，以及设置多个设备在插入时的间隔。连接点是具有不同命名方式的布线 CPoints，其直接与应用到原理符号上的回路和连接点相关。没有配合的设备可以在插入后通过手动的方式完成装配。任何设备都需要连接点，设定连接电线、电缆、连接器或线束。

12.1.2　电气设备向导

【电气设备向导】选项能够启动【Routing Library Manager】，可用于将标准零件转换为电气零件。完成向导主要有三个步骤：

1. 定义所有设备的面　为了定向模型，需要特殊定义模型的面。

2. 创建配合参考　对设备添加配合参考。

3. 创建连接点　添加设备连接点。

12.2　设计流程

主要操作步骤如下：

1. 插入电气设备　可以通过拖放将在 2D 中定义为符号的电气设备插入到装配体中。

2. 转换为电气零件　使用电气设备向导，将标准零件转换为电气零件。

注意　设备所需的设备型号如果找不到，可以通过解压缩的方式获取。文件存放在 Lesson12\Case Study 文件夹内，可以通过【工具】/【SOLIDWORKS Electrical】/【设备型号管理器】⚒/【解压缩】将文件解压缩。

知识卡片	操作方法	● 命令管理器：【工具】/【SOLIDWORKS Electrical】/【电气设备向导】🗐。

操作步骤

通过各种类型的电气设备和端子组成配电柜。

步骤 1　打开零件　单击【打开】📂，浏览到文件夹 Lesson12\Case Study，选择 Contact_ladn11tq，单击【打开】，如图 12-2 所示。显示消息："你想进行特征识别吗？"单击【否】。

步骤 2　打开电气设备向导　单击【工具】/【SOLIDWORKS Electrical】/【电气设备向导】，打开向导界面，如图 12-3 所示。

图 12-2　打开零件

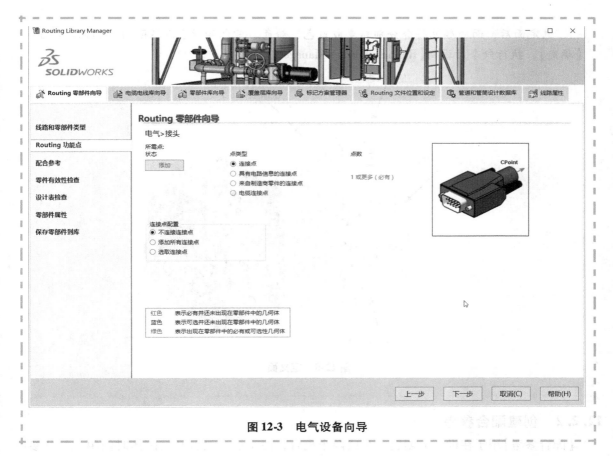

图 12-3　电气设备向导

12.2.1　定义面

通过定义左侧面、右侧面、顶面和底面来定向或重新定向零件,如图 12-4 所示。面用于多个零件插入时设定零件之间的间距,不能在曲面上应用。

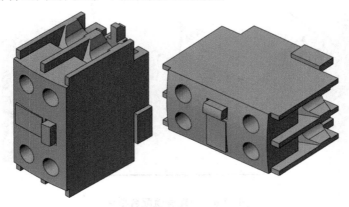

图 12-4　定向零件

步骤3　定义面　单击【下一步】,单击【定义面】,移动或最小化【Routing Library Manager】。依次单击零件的面,如图 12-5 所示。

选定面后，面的颜色将会分别转变成蓝色、粉色、紫色和绿色以匹配对应的面。单击【确定】，执行命令后返回【Routing Library Manager】。

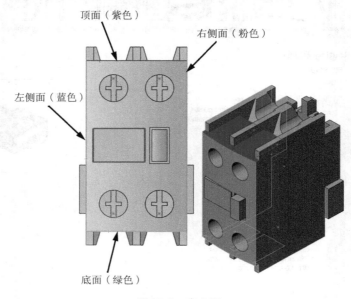

图 12-5　定义面

12.2.2　创建配合参考

【配合参考】用于在设备上创建一个或两个配合，便于插入设备至装配体时使用。配合参考用于连接导轨、背板或门。图 12-6 显示了导轨配合参考（TREWRAIL35）。

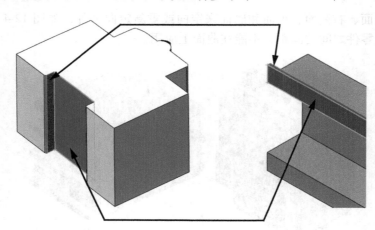

图 12-6　创建导轨配合参考

1. 导轨配合（TREWRAIL35）　创建适合连接到导轨的配合参考（2 面）。

2. 背板配合（TREWBACK）　创建适合附着到平面（机柜内部面）的配合参考（1 面）。

3. 门配合（TREWDOOR）　创建适合通过平面（门）附着的配合参考（1 面）。

步骤 4　添加配合参考　选择【对于机柜】，单击【添加】，将"导轨背面"设为图 12-7 所示的面。单击【确定】和【上一步】。

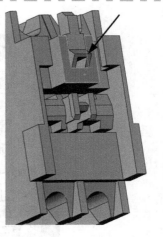

图 12-7　导轨背面

12. 2. 3　创建连接点

电气设备必须包含名为"CPoints"的标准连接点。这些点用于区分普通设备和电气设备，并提供电线连接的位置。CPoints 在 SOLIDWORKS Electrical 中具有指定的命名方式，用于定义 CPoint 表示的回路和端子。0_0 表示 CPoint 直接关联到设备的第一个回路、第一个端子。5_1 表示回路 4、端子 2。

如图 12-8 所示，0_0 CPoint 表示 LADN11TQ 的第一个回路、第一个端子(53)。

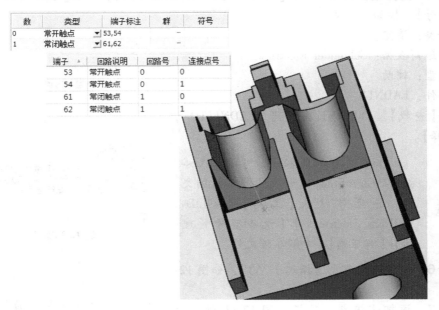

图 12-8　电气连接点

若没有正确的命名，则无法在 SOLIDWORKS Electrical 3D 中自动布线。SOLIDWORKS 零件的连接点位置对在布线时获得准确结果至关重要，因为此处定义了电线连接的从到信息。如图 12-9 所示，突出显示了两个连接点，它们表示原理图中回路的两个端子，并准确地表示了零件上的位置。

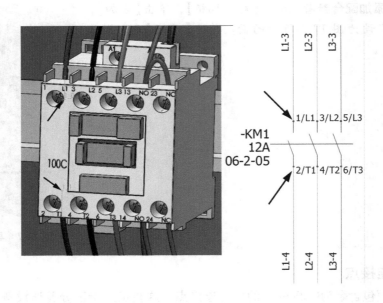

图 12-9   连接点的对应

步骤 5   选择设备型号   选择【来自制造商零件的连接点】，单击【添加】，单击【请选择设备型号】。按如下定义：

- 分类：清空。
- 制造商数据：Schneider Electric。
- 类型：辅助。
- 部件：LADN11。

单击【查找】$\mathcal{E}$，选择设备型号"LADN11TQ"，单击【选择】。

> ⚠ **注意**   如果没有找到零件，可以在 Lesson12\Case Study 文件夹内找到压缩文件，并且可以从【工具】/【SOLIDWORKS Electrical】/【设备型号管理器】/【解压缩】中解压缩文件。

步骤 6   创建连接点   选择端子"53"，如图 12-10 所示。

步骤 7   添加连接点   选择如图 12-11 所示位置。单击【是】，创建草图点。按住〈Ctrl〉键并选择端子"61"，选择零件的草图点位置，并在出现提示时单击【是】。单击【确定】，创建连接点，如图 12-12 所示。

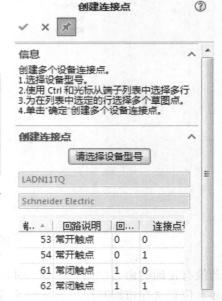

图 12-10   创建连接点

138

图 12-11　添加连接点

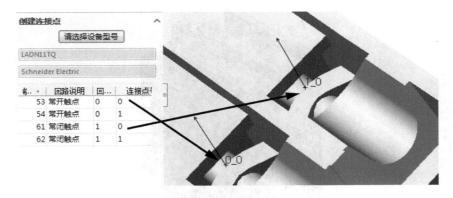

图 12-12　草图点与回路对应

步骤8　创建草图和 CPoint　选择以查看零件的底部，选择端子"54"。旋转零件以便于放置连接点。按图 12-13 所示选择零件，并在提示时单击【是】以创建草图点。单击【确定】以创建表示端子 54 的 CPoint 0_1。

重复以上过程，完成端子 62 的定义，单击【取消】结束创建，关闭电气设备向导。

> 提示　　　电气设备向导可以在任何时间结束，所做设置都会应用。连接点、配合和面的创建，都会储存在零件中。

步骤9　查看电气 CPoint　SOLIDWORKS Electrical 连接点已经添加到零件中并可见，如图 12-14 所示。

步骤10　另存文件　单击【另存为】，保存零件为 LADN11TQ，放在 Lesson12\Case Study 文件夹内。

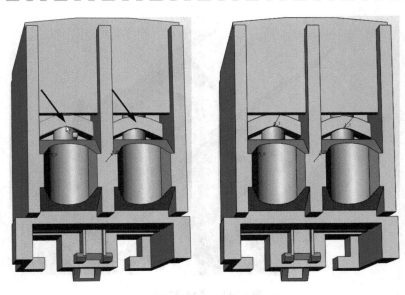

图 12-13　创建 CPoints 连接点

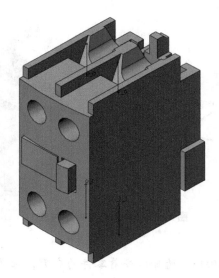

图 12-14　电气 CPoint

12.2.4　创建电缆连接点

一些零件需要 CPoint 电缆特性，如果它们尚不存在，则添加命名 EwCable，如图 12-15 所示。这些特性可以让电缆或线束自动布线。

- 带回路信息的连接点　从单个草图点创建通用连接点。
- 从设备型号中创建连接点　从多个草图点创建多个连接点。
- 创建电缆连接点　从单个草图点创建电缆连接点。

使用连接点 0_0、1_0 CPoint，电缆和线束将会布线到 EwCable，然后每根芯连接到 0_0、1_0 CPoint。

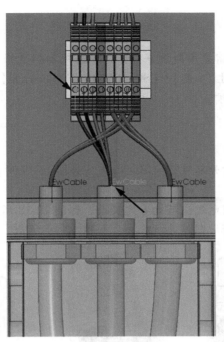

图 12-15　电缆连接点

步骤 1　打开零件　单击【打开】🗁，浏览到文件夹 Lesson12\
Case Study，选择 CABLE_GLAND_20，单击【打开】。显示消息：
"是否应用特性？"单击【否】。

步骤 2　添加草图点　单击【视图】/【后】🗗，单击【草图】/
【点】·，插入图 12-16 所示连接点。单击【确定】退出草图。

步骤 3　创建电缆 CPoint　单击【工具】/【SOLIDWORKS Electri-
cal】/【电气设备向导】🖱。进入连接点创建界面，选择创建【电缆连
接点】。选择草图点，单击【确定】和【完成】，结束命令。

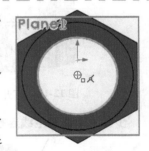

图 12-16　添加草图点

步骤 4　更改电缆连接点方向　旋转模型以清楚地看到 EwCable 连接点。右击 EwCa-
ble 点，选择【编辑特征】🗗，勾选【反向】复选框，单击【确定】。

思考🐦　EwCable 连接点方向重要吗？

步骤 5　另存文件　单击【另存为】，在 Lesson12\Case Study 文件夹内保存零件为
Gland。

步骤 6　关闭工程　在【电气工程文件】面板上右击工程名称，选择【关闭工程】。单击
【保存】。

练习　创建智能设备

本练习将打开 SOLIDWORKS 零件，定义智能面、设备连接点及配合关系。

本练习将使用以下技术：

- 定义面。

● 创建配合参考。
● 创建连接点。

> ⚠ 注意　　完成此练习需要用到设备型号，如果找不到数据，可以将 Lesson12\Exercise 下的文件通过【工具】/【SOLIDWORKS Electrical】/【设备型号管理器】🔧/【解压缩】🔓解压缩。

操作步骤

步骤1　打开零件　打开零件 2P-CB. sldprt ，如图 12-17 所示，文件位于 Lesson12\Exercises 文件夹内。

步骤2　定义面　使用电气设备向导定义面，如图 12-18 所示。

步骤3　设置导轨配合　创建导轨配合，如图 12-19 所示。

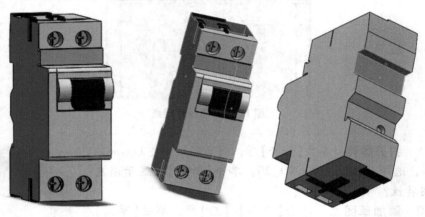

图 12-17　打开零件　　　图 12-18　定义面　　　图 12-19　设置导轨配合

步骤4　创建电线连接点　在零件 1492-FB2C30 如图 12-20 所示的位置创建电线连接点。

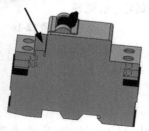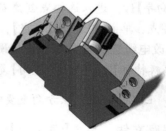

图 12-20　创建电线连接点

步骤5　另存文件　单击【另存为】，在 Lesson12\Exercise 文件夹内另存零件为 AB-CB。

步骤6　关闭 SOLIDWORKS 零件

第13章 插入设备

13.1 插入设备概述

设备插入至装配体有两个条件：设备在工程中存在；分配了设备型号。在原理图中创建设备的途径也很多：插入符号后分配设备型号；工程位置中应用设备型号；在 SOLIDWORKS Schematic 或 3D 中手动创建设备。

可以将单个或多个设备插入装配体中，例如，端子排由多个端子组成，默认使用多个设备插入。设备的插入方式有以下几种：

1. 插入 此选项将会查找与设备型号关联的 3D 零件，如果零件不存在，则将使用与分类相关的默认零件。

2. 插入自文件 可以从本地或网络位置浏览并选择 SOLIDWORKS 零件。

3. 关联 将设备关联到已经插入至装配体且没有其他设备关联的 SOLIDWORKS 零件。

13.2 操作流程

主要操作步骤如下：

1. 插入设备 将设备型号已经关联 3D 零件的设备插入至装配体。

2. 插入自文件 浏览并插入零件。

3. 关联设备 将设备关联至装配体中已有的设备。

4. 替换设备 使用 SOLIDWORKS 零件替换连接的 3D 零件。

5. 插入端子 插入关联到端子排的所有端子。

操作步骤

开始课程前，解压缩并打开 Start_Lesson_13. proj，文件位于文件夹 Lesson13 \ Case Study 内。使用不同的工具在装配体中插入和创建电气设备与 SOLIDWORKS 3D 零件之间的关联。

步骤 1　打开装配体 右击图纸"107-Main electrical closet"，选择【打开】。

步骤2　插入自文件　展开位置"L2-Chassis"和设备"=F1-K2"，如图13-1所示。右击"LC7K12015M7"，选择【插入自文件】。浏览到文件夹Lesson13\Case Study，选择LC7K12015M7.SLDPRT，单击【打开】。

步骤3　替换设备　单击以将设备放置在导轨上，如图13-2所示。该设备保留了一个自由度，可以沿着导轨自由滑动。

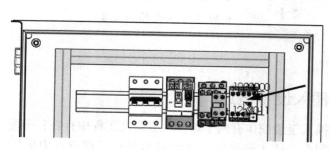

图13-1　展开文件　　　　　　　　　图13-2　替换设备

步骤4　创建设备　右击位置"L2-Chassis"，选择【添加】/【设备型号】。定义如下筛选条件：

- 分类：清空。
- 制造商数据：Legrand。
- 类型：基。
- 部件：006468。

单击【查找】，选择型号"006468"，单击【添加】，单击【选择】。单击【确定】，设置型号数量为1，创建设备，退出命令。

注意　　如果找不到设备，可以将文件夹Lesson13\Case Study中的文件解压缩，操作方法是单击【工具】/【SOLIDWORKS Electrical】/【设备型号管理器】/【解压缩】。

思考　　该设备在其他地方会出现吗？

步骤5　插入创建的设备　展开设备"=F1-Q2"，右击型号"006468"，选择【插入】。单击以将设备放置在导轨上，如图13-3所示。

步骤6　关联设备型号　展开设备"=F1-K1"，右击零件"LADN11TQ"，选择【关联】。按图13-4所示选择附件，单击【确定】以创建关联。

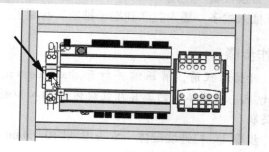

图13-3　插入创建的设备

为什么所有设备都是透明的？

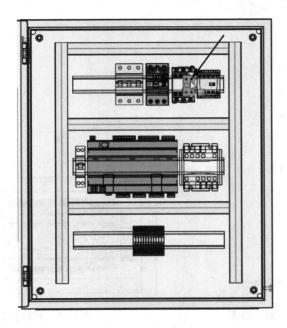

图 13-4　关联设备型号

13.3　对齐设备

知识卡片	对齐设备	插入 DIN 导轨上的设备可以根据需要设定对齐或分隔间距。当设备设定了面的配合后，设备可以设定默认的排放间距。间距为 20mm 的两个设备将会分析左、右、上、下面，并将下一个设备偏移到相对面 20mm。 　　未定义面的设备将不会执行该设定。操作之前使用【设备列表无效】，可以识别需要修改的部分。
	操作方法	● 命令菜单：【SOLIDWORKS Electrical 3D】/【对齐设备】▥。

步骤7　设定间距　单击【对齐设备】，如图 13-5 所示，选择导轨中间的三个零件。单击【设备列表无效】，确保选择的设备具有面的定义，如图 13-6 所示，单击【确定】。

更改【间距】为"5.00mm"，单击【确定】，得到如图 13-7 所示结果。单击【取消】，结束命令。

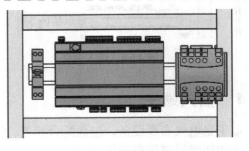

图 13-5　选择零件

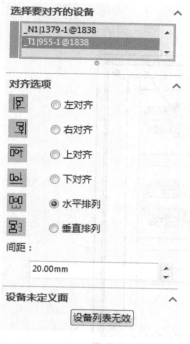

图 13-6　对齐设置

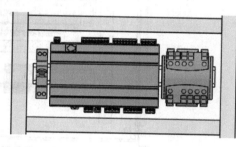

图 13-7　更改间距

步骤8　插入设备　展开设备"＝F1-Q1"，右击设备"006557"，选择【插入】。单击以将设备放置在导轨上，如图 13-8 所示。

步骤9　替换3D零件　右击之前插入的"006557"，选择【替换】。浏览到 Lesson13 \Case Study 文件夹，选择 EW_C_BREAKER_4P_35. SLDPRT，单击【打开】，显示如图 13-9 所示结果。

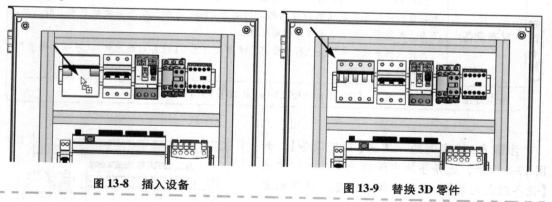

图 13-8　插入设备　　　　　　　　　　图 13-9　替换 3D 零件

13. 4　插入端子

端子是电气布线设备，包含配合参考、CPoint 和其他布线属性。它们唯一的区别在于如何设定合适的间距以放置在一排。

提示　　　　也可以选择多个端子进行插入，此时将会提示设定第一个设备的插入位置和自动插入的设备间距。程序根据面(左、右、上、下)排列端子。

知识卡片	插入端子	●快捷菜单：右击端子，选择【插入端子】▦▦。

步骤10　插入端子　右击端子排"= F1-X2"，选择【插入端子】🎲。单击以将端子放置在下方导轨上，如图 13-10 所示。

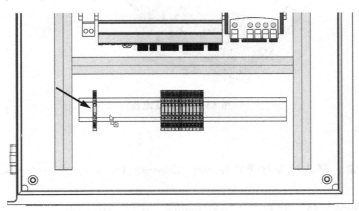

图 13-10　插入端子

步骤11　设定位置　如图 13-11 所示，选择【右侧】，设定【间距】为"0.00mm"，单击【确定】，创建 12 个端子，如图 13-12 所示。

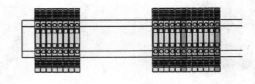

图 13-11　设定间距　　　　　图 13-12　位置设定

步骤12　关闭工程　在【电气工程文件】面板上右击工程名称，选择【关闭工程】，单击【保存】。

练习　插入并关联设备

本练习将在装配体中插入并关联设备，如图 13-13 所示。

本练习将使用以下技术：

● 插入设备。

● 关联设备型号。

图 13-13　关联设备

操作步骤

　　开始本练习前，解压缩并打开文件 Start_Exercise_13. proj，文件位于文件夹 Lesson13 \ Exercises 内。

　　步骤1　打开装配体　打开图纸"04-Monitor and PC Assembly"。

　　步骤2　插入连接器　在 USB 连接处插入连接器 = F1-X2 ，如图 13-14 所示。

　　步骤3　关联零件　关联设备 = F1-X5 零件 CON45612 到 VGA 连接器，如图 13-15 所示。

图 13-14　插入连接器

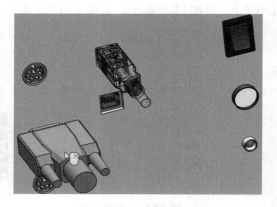

图 13-15　关联零件

　　步骤4　关闭并保存　关闭 SOLIDWORKS 装配体，并保存所有文件。

　　步骤5　关闭工程　在【电气工程文件】面板上右击工程名称，选择【关闭工程】▭。

第 14 章 电 线 布 线

学习目标

- 创建布线路径草图
- 生成电线

扫码看视频

14.1 电线布线概述

电线在装配体中的零件之间自动布线（图14-1）的条件如下：

- 3D零件需要关联到SOLIDWORKS Electrical设备。
- 设备需要在SOLIDWORKS Electrical Schematic中完成详细接线。
- 3D零件需要设置CPoint，其命名与设备的回路和端子相匹配。
- 必须使用特定命名的草图路径。
- 指定的布线参数必须允许程序定义路径和设备连接点。

只要有一个条件不满足，布线都不会得到期望的结果。在本章中将使用不同的方式布线，以便指出可能出现的问题及解决问题的方法。

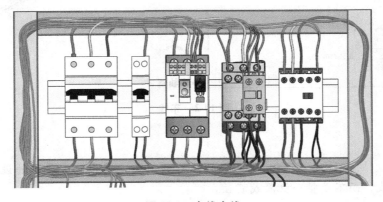

图 14-1 电线布线

14.2 设计流程

主要操作步骤如下：

1. 指出路径的重要性 在未定义路径的情况下布线，指出布线路径的重要性。

2. 布线路径 布线路径是用于形成一组布线的草图。

3. 布线 布线选项可以预览或完成电线的布线。

操作步骤

开始本课程前，解压缩并打开 Start_Lesson_14. proj，文件位于文件夹 Lesson14\Case Study 内。创建 3D 草图几何体，并使用它来进行预览和布线。

步骤 1　打开装配体　右击图纸"107-Main electrical closet"，选择【打开】📂。

步骤 2　布线　单击【等轴测】⬡，以便于更好地查看柜体。在【SOLIDWORKS Electrical 3D】中单击【布线】🖉，按图 14-2 所示定义。设置后单击【确定】，开始布线。

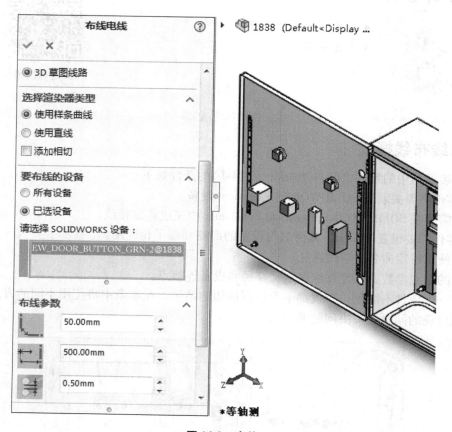

图 14-2　布线

提示🖐　　使用【已选设备】是一种快速布线检查，因为只有指定的设备才会被布线，而不是整个机器或装置。

步骤 3　查看未定义路径的布线　单击【顶视】⬚，选择机柜的顶部，单击【更改透明度】◉。电线按照最近的草图路径（包含在管道内）完成布线，这种布线会使电线穿过机柜的侧面和门，如图 14-3 所示。为了达到正确的布线结果，我们需要更多的草图路径。

步骤 4　手动删除电线装配体　单击 SOLIDWORKS 特征管理设计树，滚动到列表的底部。右击"EWS[~24V_Control]20"，选择【删除】✕，单击【确定】移除草图电线。

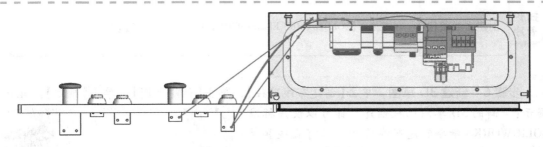

图 14-3　未定义路径的布线

步骤 5　查看草图　确认【草图预览】⬚ 已经开启，以便在现有 EW_DUCT 设备中查看 EW_PATH 草图，如图 14-4 所示。

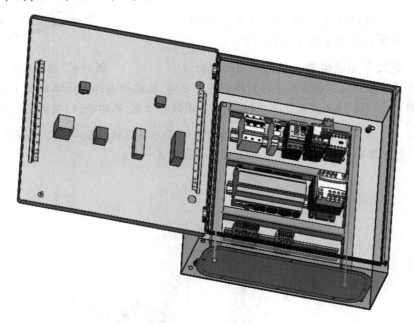

图 14-4　查看草图

14.3　布线路径

3D 草图几何体用作引导布线的布线路径，如图 14-5 所示。草图名称需要包含 EW_PATH，以便在布线时将其识别为路径。命名为 EW_PATH1 和 EW_PATH2 都是有效的。

注意

SOLIDWORKS【3D 草图】选项也可以使用，转换时使用相同的命令。

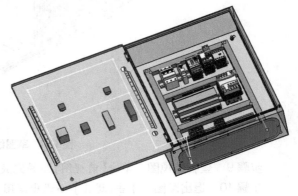

图 14-5　布线路径

知识卡片	创建布线路径	●菜单：【SOLIDWORKS Electrical 3D 】/【创建布线路径】 。

步骤6　新建3D草图　单击【创建布线路径】，单击【创建草图】，单击【确定】。显示提示："新的3D草图已被创建，你可以使用标准 SOLIDWORKS 命令创建布线路径。只有直线和草图点可以用于路径定义。"单击【确定】。

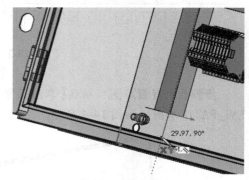

步骤7　绘制直线　草图会自动激活，草图 EW_PATH1 被创建并打开。单击【直线】 命令，创建如图 14-6 所示的草图。

> **提示** 可以使用已包含的 EW_PATH 草图创建用于固定电线的线槽。

图14-6　绘制直线

步骤8　定义草图线位置　使用不同的方向视图绘制直线。这些直线从线槽底部延伸到机柜底部之前，从机柜内部向上略微高于门，最终到灯和按钮旁边的门边。图 14-7 显示了三条(1、2、3)草图线的位置，第四条(4)将被定义到门的内部。

> **提示** 草图路径的放置，需要考虑对应设备连接点走线的关系。如果草图路径穿过机器的某一边，电线也将会穿过机器的某一边。

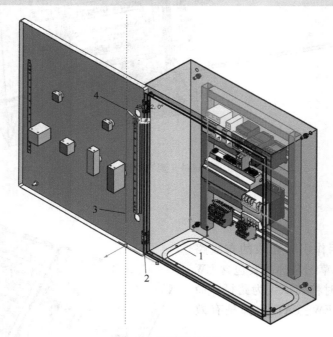

图14-7　草图线的位置

步骤9　查看前视图　单击【前视图】 并完成草图绘制，如图 14-8 所示。

步骤10　退出草图　单击【退出】 退出草图，默认情况下，新建的路径将会显示为黄色，如图 14-9 所示。

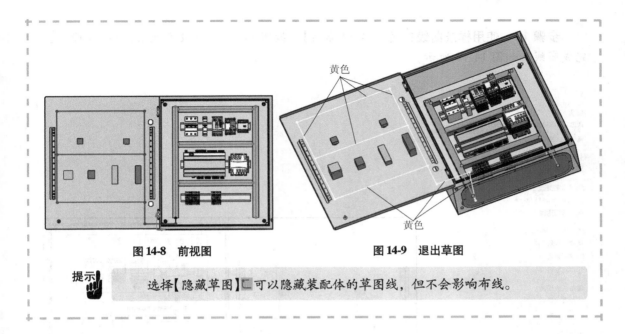

图 14-8 前视图   图 14-9 退出草图

 提示 选择【隐藏草图】□可以隐藏装配体的草图线，但不会影响布线。

14.4 布线

布线时有很多选项可用，以得到不同的预览结果。所有【布线】选项都根据互联设备的最短路径创建 SOLIDWORKS 布线几何，连接关系源自原理图中定义的详细接线。

14.4.1 3D 草图线路

【3D 草图线路】选项用于使用草图快速创建布线预览。样条曲线（图 14-10a）和直线（图 14-10b）是用于塑造线路的两种主要渲染器类型，如图 14-10 所示。

⚠ 注意 【3D 草图线路】选项不会创建真实布线。

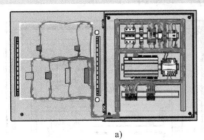 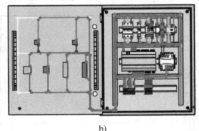

a)   b)

图 14-10 渲染器类型

14.4.2 布线参数

不管哪种布线方式，布线参数都是可用的。布线参数可以定义程序，以分析和定位草图路径与 0_0 CPoint 之间的距离。减少布线参数可能意味着连接点不能定位某些 EW_PATH 草图，并且程序需要分析较少的路径以定位优化的布线。降低较多参数，会让 CPoint 和草图路径不被发现，这将对布线产生负面影响。

知识卡片	布线	● 命令管理器：【SOLIDWORKS Electrical 3D 】/【布线】🧱。

步骤 11　使用样条曲线布线　单击【布线】，按图 14-11 所示设置选项，单击【确定】，完成布线，如图 14-12 所示。

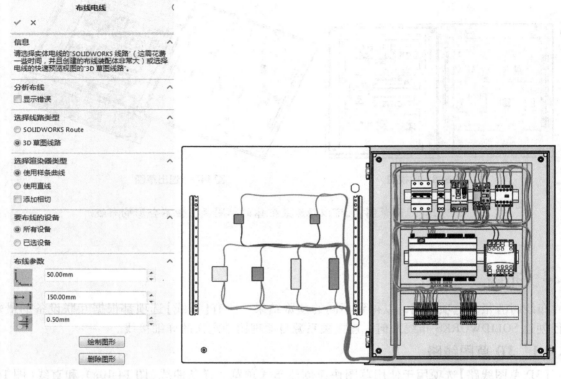

图 14-11　布线电线　　　　　　　图 14-12　完成布线

步骤 12　使用直线布线　单击【布线】，选择【使用直线】，单击【确定】。出现提示："3D 草图已经存在。"单击【删除现有路径】，如图 14-13 所示。

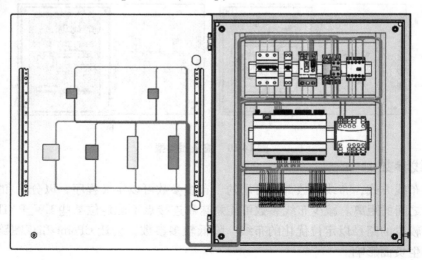

图 14-13　直线布线

14.4.3 草图线

【草图线】由【3D草图线路】选项创建。草图线在单独的草图中显示单独的电线(每种电线样式有独立的草图),并使用不同的颜色(颜色来自于 SOLIDWORKS Electrical Schematics 中定义的电线样式)。草图可以隐藏或显示,以方便查看特定的电线样式。

软件创建了一组 3D 草图,列在特征管理器设计树的底部。本例中包括:

- EWS [N L1 L2 L3_相1]。
- EWS [N L1 L2 L3_相2]。
- EWS [N L1 L2 L3_相3]。
- EWS [N L1 L2 L3_中性线]。
- EWS [N L1 L2 L3_保护]。
- EWS [~24V_控制]。

 注意　上述线并不是实体布线,而是预览用的中性线。使用【SOLIDWORKS Route】完成的实体布线将会创建相同名字的子装配体。

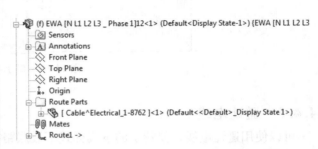

图 14-14　SOLIDWROKS Route

14.4.4　SOLIDWORKS Route

【SOLIDWORKS Route】选项用于创建完整布线,包括布线子装配体和物理电线。如图 14-14 所示,草图将会匹配到包含电缆零件的布线子装配体中。

步骤13　删除草图　单击特征管理器,滚动到列表底部,选择如下 3D 草图。

- EWS [N L1 L2 L3_相1]。
- EWS [N L1 L2 L3_相2]。
- EWS [N L1 L2 L3_相3]。
- EWS [N L1 L2 L3_中性线]。
- EWS [N L1 L2 L3_保护]。
- EWS [~24V_控制]。

右击所选特征,选择【删除】和【确定所有】删除所选的 3D 草图。

步骤14　选择 SOLIDWORKS Route　单击【布线】，选择【SOLID-WORKS Route】、【使用样条曲线】和【所有设备】。单击【确定】，如图 14-15 所示。

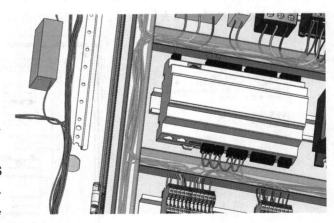

图 14-15　样条曲线布线

 注意　草图和设备型号在图中已经隐藏。要仅查看单个布线或布线组,可在【配置】中使用【显示状态】，如图 14-16 所示。

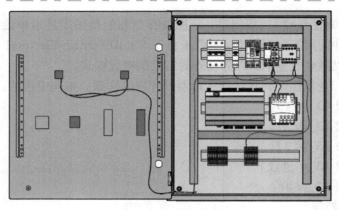

图 14-16　显示状态

14.4.5　避让电线

可以使用避让电线，使特定的电线样式不按照路径布线。如此可以快速降低设备噪声，或降低线槽线扎密度。

知识卡片	避让	● 命令管理器：【SOLIDWORKS Electrical 3D 】/【避让】◎。

步骤 15　避让电线样式　单击【避让】，选择【电线样式】，单击【选择电线样式】，在对话框中展开群"0-Electrical"，单击"～24V AC"以将其打开，单击【选择】。单击【排除】，选择机柜右边的线槽，单击【确定】，如图 14-17 所示。

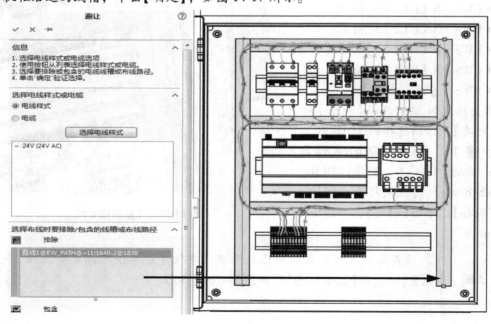

图 14-17　避让电线样式

步骤16　布线　单击【布线】🔧，保留之前定义的选项，单击【确定】。出现提示时单击【删除现有路径】。现在，绿色24V AC使用所有路径连接设备，且避开了机柜右边线槽，如图14-18所示。

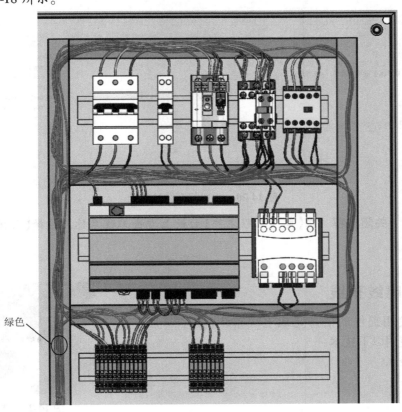

绿色

图14-18　布线

步骤17　计算线槽填充率　单击【工具】/【SOLIDWORKS Electrical】/【计算线槽填充率】🗃，选择【计算电缆线槽填充率】。在电气管理器中右击列出的第一个线槽型号"036200"，选择【属性】ℹ。向下滚动零件属性，查看【线槽填充率】，如图14-19所示。单击【确定】。

步骤18　生成报表统计线长　单击【工具】/【SOLIDWORKS Electrical】/【工程】/【报表】▦，选择【按线类型的电线清单】。电线长度按电线样式列出，如图14-20所示。

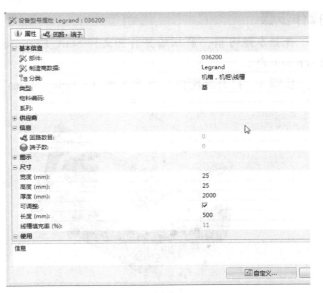

图14-19　线槽填充率

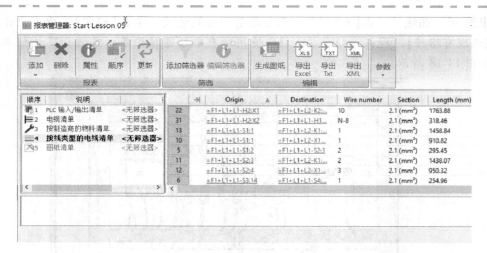

图 14-20　生成报表统计线长

步骤19　关闭工程　在【电气工程文件】面板上右击工程名称，选择【关闭工程】，单击【保存】。

练习　设置电线布线

本练习将使用提供的信息完成电线布线，如图 14-21 所示。本练习将使用以下技术：

- 布线路径。
- 布线。

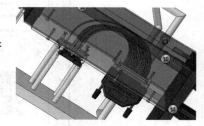

图 14-21　电线布线

操作步骤

开始本练习前，解压缩并打开文件 Start_Exercise_14. proj，文件位于文件夹 Lesson14\Exercises 内。

步骤1　打开装配体　打开图纸"04-Route Wires"，如图 14-22 所示。

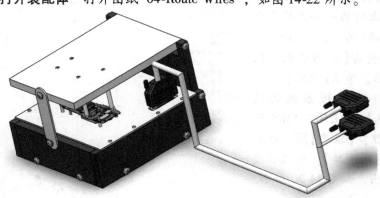

图 14-22　打开装配体

步骤 2 更改视图方向 更改视图方向，并更改透明度，如图 14-23 所示。

步骤 3 显示布线路径 解压 EW_PATH2，设置可见性以启用草图，显示如图 14-24 所示的布线路径。

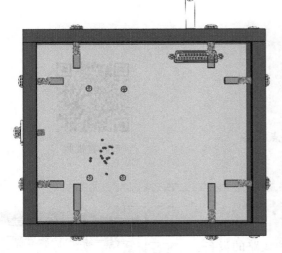

图 14-23 更改视图方向

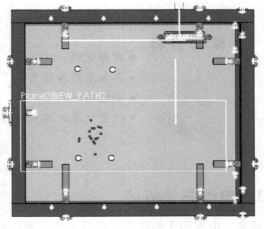

图 14-24 布线路径

步骤 4 布线 应用如下设置进行布线：

- SOLIDWORKS Route。
- 使用样条曲线。
- 添加相切。
- 所有设备。
- 布线参数：5.00in、5.00in、0.02in。

关闭草图，旋转装配体以查看结果，如图 14-25 所示。

步骤 5 关闭工程 在【电气工程文件】面板上右击工程名称，选择【关闭工程】，单击【保存】。

图 14-25 查看布线结果

第15章 电缆布线

15.1 电缆布线概述

通常，电缆用于连接出于环境考虑需要保护线路的设备。电缆在 EwCable 连接点之间布线，可以将电缆芯线路连接到 0_0 和 1_0 电线连接点，如图 15-1 所示。

在上面的例子中，电缆连接到的密封套包含了 EwCable 连接点。电缆芯已定义为连接到端子，布线参数也完成了设置以便找到 0_0 连接点，并且电缆芯从 EwCable 连接到端子。

15.2 设计流程

主要操作步骤如下：

1. 添加 EwCable 连接点 通过电气零件向导添加 EwCable 电缆连接点。

2. 检查当前结果 电缆布线，预览结果。

3. 设置电缆的起点和终点 更改电缆起点和终点设备，改进结果。

4. 电缆布线 电缆布线，根据应用的更改修改结果。

5. 设置电缆的起点和终点 选择模型，设置电缆的起点和终点。

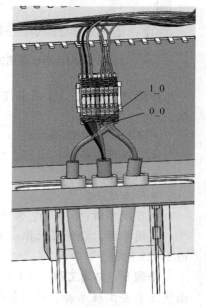

图 15-1 电缆连接点

操作步骤

开始本课程前，解压缩并打开 Start_Lesson_15.proj，文件位于文件夹 Lesson15 \ Case Study 内。在机柜中布线，使电缆通过电缆密封套，连接到水泵的低液位传感器和端子。

步骤1 打开装配体 右击图纸"07-Cable Routes"，选择【打开】。

如果某些零件没有 CPoint 电缆特性，则需要先添加。这些特性在工程布线时会用到。使用电气零件向导，创建电缆参考点，可以在一个步骤中创建具有正确命名方式的草图点和连接点。

步骤 2　设置电缆密封套　右击任意电缆密封套，选择【打开零件】📄，如图 15-2 所示。在提示重新识别特征时单击【取消】。

步骤 3　创建草图点　右击 Plane1，选择【草图】┗。更改为后视图，单击【草图】/【点】▫，按图 15-3 所示单击密封套的中心点。单击【退出草图】┗↵。

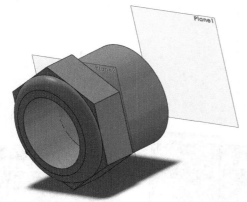

图 15-2　设置电缆密封套

图 15-3　创建草图点

步骤 4　创建电缆连接点　单击【工具】/【SOLIDWORKS Electrical】/【电气设备向导】📖。单击【电缆连接点】和【添加】，选择 Plane1 上的连接点，单击【确定】。单击【取消】、【完成】和【退出】，旋转零件以查看连接点的位置，如图 15-4 所示。

步骤 5　设置反向　右击 EwCable 连接点，选择【编辑特征】📷。勾选【反向】复选框，单击【确定】，如图 15-5 所示。关闭零件，如果提示保存更改，则单击【确定】，返回到装配体。

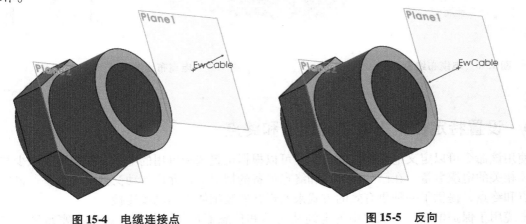

图 15-4　电缆连接点   图 15-5　反向

【绘制电缆】选项用于使用电气设备 CPoint 和电气 3D 草图路径预览和创建 SOLIDWORKS 布线。

知识卡片	电缆布线	● 命令管理器：【SOLIDWORKS Electrical 3D】/【绘制电缆】🔲。

步骤6　设置电缆布线　单击【绘制电缆】 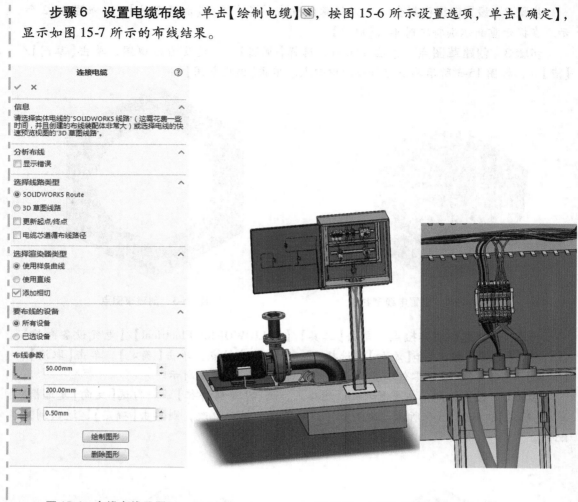，按图 15-6 所示设置选项，单击【确定】，显示如图 15-7 所示的布线结果。

图 15-6　电缆布线设置　　　　　　　　图 15-7　电缆布线结果

15.3　设置特定位置上电缆的起点和终点

使用该命令可以定义电缆连接的设备。可以根据位置选择可用的电缆，这样可以减少与特定装配体相关的电缆数量。在已分配起点和终点设备的情况下，允许自动交换电缆设备。设置电缆的起点和终点，提供了一种更有效的方式来实现某些装配体中的电缆连接。

电缆用于保护电线，本工程中的电缆从马达和传感器连接到机柜上的电缆密封套。在机柜内，外部电缆保护将会被剥离，电缆芯分别连接到每个端子。由于原理图没有定义电缆密封套连接信息，所以需要在装配体中定义。

| 知识卡片 | 设置特定位置上电缆的起点/终点 | ●菜单：【工具】/【SOLIDWORKS Electrical 】/【设置电缆起点/终点】/【设置特定位置上电缆的起点/终点】 。 |

步骤 7　选择电缆布线　单击【设置电缆起点/终点】/【设置特定位置上电缆的起点/终点】🖳，单击【选择位置】🖫。在图 15-8 所示对话框中选择位置"L3-PUMP"，单击【选择】。

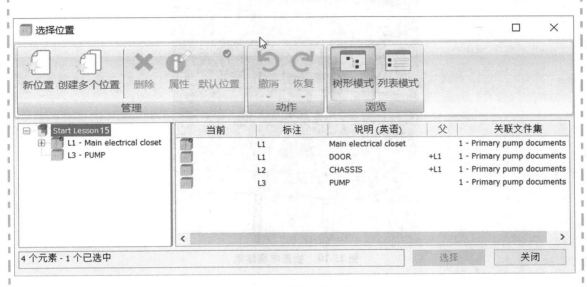

图 15-8　选择电缆布线

步骤 8　设置电缆密封套　从电缆列表中选择 W3，取消勾选【将指定组件设置为透明】复选框，选择机柜左边第一个密封套，出现提示时，单击【从旧电缆移除】。对 W1 和 W2 重复此过程，按图 15-9 所示进行分配。单击【确定】和【取消】，结束命令。

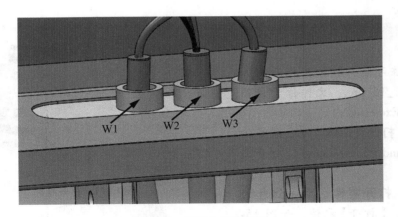

图 15-9　设置电缆密封套

步骤 9　检查电缆结果　单击【绘制电缆】🖎，勾选【添加相切】复选框，保留其他设置，单击【确定】。当有提示消息时，选择【删除已有布线】。结果如图 15-10 所示。

步骤 10　关闭工程　在【电气工程文件】面板上右击工程名称，选择【关闭工程】，单击【保存】。

163

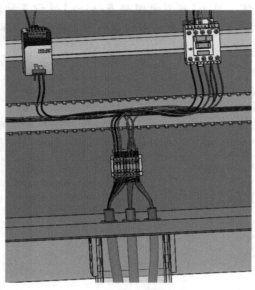

图 15-10　检查电缆结果

练习　设置电缆布线

本练习将应用电缆连接点完成电缆布线。

本练习将使用以下技术：

- 创建电缆连接点。
- 电缆布线。

操作步骤

开始本练习前，解压并打开文件 Start_Exercise_15. proj，文件位于文件夹 Lesson15\Exercises 内。

步骤1　打开装配体　双击装配体 "04-Monitor and PC assembly"，打开文件。

步骤2　打开零件　右击红色的 VGA 连接器，【打开】零件，如图 15-11 所示。

步骤3　创建电缆连接点　使用 【电气设备向导】添加 EwCable 连接点，如图 15-12 所示。单击【关闭】、【保存】和【重建零件】，返回装配体。

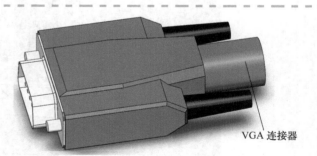

VGA 连接器

图 15-11　打开零件

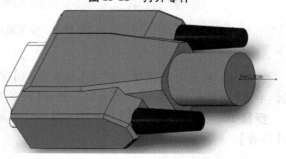

图 15-12　创建电缆连接点

步骤4 电缆布线 使用【SOLIDWORKS Route】，选择【使用样条曲线】和【所有设备】，布线参数设置为 25mm、150mm 和 0.5mm，完成布线，如图 15-13 所示。

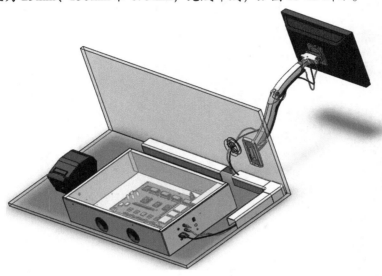

图 15-13 电缆布线

步骤5 关闭工程 在【电气工程文件】面板上右击工程名称，选择【关闭工程】，单击【保存】。